U0020568

高人氣甜點&麵包店創業學

創業經營 × 空間布置 × 品項設計，
成功營運的訣竅全收錄

La Vie
Life Is a Design

Part 1.

10 步驟圖解　開店前導知識

Part 2.

全台人氣甜點 & 麵包店　開店心法與秘訣大公開

特色麵包店 —— 樸實味道，才最能感動人心

創意甜點店 —— 匠心獨具，引領午茶文化

人氣網購店 —— 拓展品牌影響力，從網路店家發展到實體店面

附錄：人氣店家 COUPON 實地參訪入場卷

1960 年代受美援影響，台灣開始了一系列「麵食推廣」的運動，其中一項是創立了「台灣區麵麥食品推廣委員會」，現在改組為中華穀類食品工業研究所（簡稱「穀研所」）。在這個環境背景下，這時期出國學烘焙的師傅，學習了美式的烘焙技術，並融合了台灣糕點的特色，於是我們熟悉的「台式傳統麵包店」開始開枝散葉。但約在十幾年前，在台灣開始興起吃「下午茶」的甜點店，百貨公司或飯店開始引進「法式甜點」，聘請國外或留法的甜點主廚坐鎮，這時開始流行許多如檸檬塔、千層派、泡芙與馬卡龍等法式傳統甜點。

而近幾年隨著法式甜點的普及，民眾逐漸接受這些單價高的精緻甜點文化，加上有新一批甜點師傅透過自學，或直接前往法國或其他國家學藝，學成歸國後自己開設甜點＆麵包店。這些新興的烘焙小店沒有大財團的支持，有些創業者甚至原本不是烘焙業出身，但卻在這塊烘焙市場，沖出一番新氣象。

新興的人氣甜點、麵包店

在台灣近年來的創業熱潮中，這波新興小店顯得獨樹一格。沒有花大錢做宣傳卻在網路上「暴紅」，引起瘋狂的排隊人潮；不同於「貴婦」下午茶，它們吸引了中產階級甚至學生族群的追捧，擁有破萬的臉書粉絲群；甚至有些店家沒有店面或店面不起眼，卻利用網購訂單創造百萬業績。為此我們深入研究這些人氣店家，發現比起傳統法式，這些店的甜點口味更貼近台灣人的喜好，而且創作更多元自由，更容易創造話題，引起媒體關注。

一般人也許被花俏精緻的甜點吸引，或喜歡店鋪精心佈置的風格，就像開咖啡店在台灣掀起風潮，開一家散發甜蜜香氣的甜點＆麵包店，也成為了許多年輕人的夢想。但探訪過這些經營成功的創業者，我們不難發現開店夢想的背面，其實是傳統烘培業的辛苦，法式甜點的原物料價格昂貴，手工繁複極耗人力，製作的每一塊蛋糕都要在精密成本的嚴格控管下，否則就有倒閉的危機。

給有創業夢想的你

　　也許你也是個甜點或麵包的愛好者，想要創業卻不知道從何做起，本書將手把手教你從審慎自己的內心、寫一份開業計畫、找店面、做裝潢、設備食材的挑選到成本計算等所有開業所需的技巧，並收錄 15 個代表店家案例：有走過 12 個年頭跨越新、舊法式烘焙時期的「珠寶盒 boîte de bijou」；留法歸國、走出自我風格的年輕甜點師所創立的「河床工作室」；以文字抒發情感，運用網路社群創立的溫馨品牌「Color C'ode 凱莉小姐」等不同風格，但都擁有高知名度的人氣店，讓我們來一窺他們創業心法與經營祕訣，並開始著手打造一間屬於你的甜點＆麵包店吧！

part

1

· · · · · · · · · · · · ·

10 步驟圖解
開店前導知識

· · · · · · · · · · · · ·

worker

OPEN

Boss

- Step 01-
開店心法

許多人懷抱著一個開店創業的夢想，那要如何知道自己適不適合創業，有沒有具備所謂「創業條件」呢？

首先，思考自己「為什麼想要創業？」

有些人想創業是因為想當老闆，覺得創業很自由，那麼他們可能都想錯了。因為當老闆一點也不自由，不僅全年無休承擔著一家店的責任與風險，而且在各種經營開銷與市場壓力下，可以做出的條件跟選擇都十分嚴苛，反而陷入了另一種的「不自由」。所以準備開店前，要先確定自己是否願意投注全身心在「當

老闆」這個新職業中，更要有承擔風險的能力與準備。

也有許多人憑藉著「做，就對了！」，冒著創業有失敗的可能，秉持著義無反顧、勇往直前的精神，從挫折中學習，一路上跌跌撞撞，最後也順利讓事業步上軌道。但若能先進行風險評估，在開業初期才不至於因為準備不充裕而多走冤枉路。

接下來，思考開一家店需要具備有的能力是什麼？

例如資金、技術、團隊、宣傳、管理……等，每個人有不同擅長的領域，在初始創業時會依照不同的擅長能力，而決定店鋪的模式。

資金會決定一家店鋪的規模，但並非掌握的資金越多，就可以輕易開一間規模大、員工多與產能高的店，因為若沒有獨特的技術，商品在市場上缺乏競爭力，就有被淘汰的危機；若沒有好的員工，不僅團隊效率低，還可能有品質不良的問題；若沒有好的鋪貨管道，那光有產能而沒有銷量，自然也沒有利潤⋯⋯

相對的，就算一開始的資金不多，但店主具有專業技術，或有家人或朋友的幫忙，在初期營運未上軌道前，可以省下不少人力的支出；若自己有設計的巧思，在裝潢或店鋪宣傳物上營造出自我風格，那麼不花大筆設計費也可以做出獨樹一格的個人店鋪；或者創立粉絲專頁，累積粉絲增加曝光率，不用花錢買廣告也能有獨立宣傳能力。

[Note]

將理想化作夢想

◎ 創意發想：觀察其他優秀店家，汲取靈感，並將想法記錄下來，找出自己理想的店鋪形式。

◎ 進修學習：收集相關專業的書籍或參與進修課程，學習全面的專業知識。

◎ 在相關產業取得工作經驗：親身進入該產業工作，才能了解該產業最前線的訊息，並取得實務經驗。

- Step 02-
擬定一份
開店企劃

分析完自我能力評估後，也許您已經想好了要開什麼樣的一間店鋪。那就刻不容緩，立即來擬定一份開業計畫吧！

階段
01

< 設定店鋪型式與規模 >

階段
02

< 選定商品種類 >

階段
03

< 製定工作流程 >

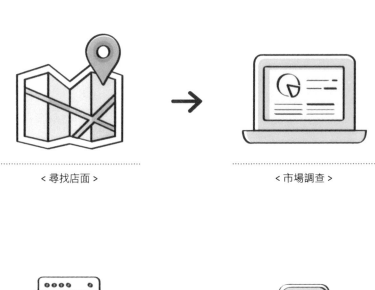

< 尋找店面 >　　　　　　　< 市場調查 >

< 挑選器材與裝潢 >　　　　　< 資金規劃 >

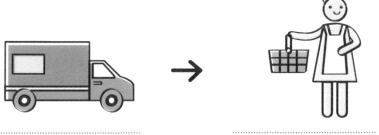

< 物流：進貨與出貨 >　　　　< 開店演練 >　　　　< 正式開業 >

第一階段：資訊調查與統整

　　首先，依照想像中的店鋪去尋找店面，若是形式新穎的店鋪型式（如造型甜點或流行新商品），適合開在熱鬧的商業區，迅速在人潮中引起話題；若是產量不高但優質的穩定商品（如限時出爐的麵包），適合開在住宅區附近；若消費族群不限定在附近住戶或過路客（如網路商品），適合開在租金更低的郊區。另外，要在選定的店鋪區域進行市場環境調查，如附近區域的年齡結構、消費習慣以及是否已有競爭店家。若進行時發現地點不適合或租金無法負荷，就需另覓地點或重新調整計畫。

[Tips]

實地走訪調查：
在平日與週末分別去店面附近作調查，注意不同時段的人潮變化，觀察周遭或往來客群是否符合預期。

[Note]

先做充足準備再做投資

在決定開業到正式營業這段準備期，不僅沒有收入，還要負擔龐大的支出。所以若沒有足夠充裕的資金，不建議辭掉目前工作貿然投入創業。可以在投入店面租金與裝潢費用以前，先做第一階段的準備工作。

第二階段：店鋪與資金規劃

利用前一階段的市場調查，調整店鋪的商品結構，製定出商品種類，再依照商品種類購買所需的設備器材。前期開店時，器材不用買最貴的，雖然好的工具可以省時省力做出優質的產品，但剛開店時通常不會有非常大的需求量，可以考慮投資 CP 值較高的家庭用烘焙器材或二手機器，也能應付剛開店時的訂單，等穩定之後再汰換設備。

選定店面到購置大型器材之前，要先做空間規劃與裝潢（大型器材固定後不容易移動）。一般人也許會設想，若是資金不充裕則可以在裝潢上省下費用，但細部的裝潢費用能省，主結構的裝潢費用卻往往比預先設想得更高。比如房屋主結構的問題（如傾斜、龜裂或漏水……），空間上的牆面改變，牽電路與水管工程等，都是必要的開銷。所以在選定店址時，也需將裝潢成本算入，做整體資金規劃。

第三階段：製定工作流程與排練

店鋪規劃到施工完成，依狀況可估約 3 個月到半年時間。若店舖開設在店租較貴的市區，建議縝密計畫並快速施工以節省店租成本，委外施工會是較佳的選擇；若想節省施工成本，自己設計或是 DIY 可以更貼近需求，打造自我風格。但相對耗時較長，會損失更多店租、人力成本（自己 DIY 也是勞力成本）或錯過好的開店時機。

一切硬體設施就位後，開店前需統合規劃所有商品製作的流程，計算出製作時間與產能，並規劃開店前的演練，調整修正開店後可能會遇到的問題，以免開幕時手忙腳亂，讓顧客留下不好的印象。

- Step 03-
創業資金分配

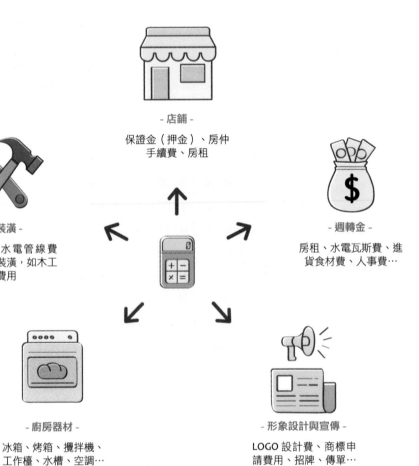

- 店鋪 -
保證金（押金）、房仲
手續費、房租

- 裝潢 -
施工費、水電管線費
用、細部裝潢，如木工
費用

- 週轉金 -
房租、水電瓦斯費、進
貨食材費、人事費…

- 廚房器材 -
冰箱、烤箱、攪拌機、
工作檯、水槽、空調…

- 形象設計與宣傳 -
LOGO 設計費、商標申
請費用、招牌、傳單…

店鋪

交通方便或人潮聚集的商店街，可以較輕鬆招攬顧客，但相對租金成本較高；選擇在郊區或住宅區可以壓低房租，但若附近沒有適合的客群，或要吸引特定喜好的客群可能需要花費更多的宣傳成本。店鋪規模則取決於商品種類與產能，以廚房空間為首要考量，能安置大型設備與器材（如營業用冰箱、烤箱、攪拌機、工作檯……）而且有足夠的活動空間，店面陳列空間反而不用太大，若是商品種類不夠，大空間反而會給顧客空洞或蕭條的印象。

| 案例分析：偏僻郊區 |

店家／山崴工房
起步較慢，開業兩年後經由參與世界麵包大賽闖出名聲跟人氣。(p.72)

店家／M PAIN 法式甜點麵包烘焙店
初期周遭顧客覺得與一般台式麵包相比定價過高，前一年生意蕭條。之後參與擺攤活動宣傳並因為 IG 打卡吸引了許多年輕族群與遊客。(p.48)

店家／嗜甜烘培工作室
原本以工作室型態供應市區咖啡或餐飲店的甜點訂單，後因旁邊是學區而有大量學生客群，轉成以店鋪販售為主。(p.154)

[Note]

尋找店鋪的條件
（以 2-3 年的營運狀況為考量）

◎ 租金：在資金分配比例中可支出的店鋪成本。
◎ 地理位置：依設想客群選擇商業、住宅或郊區。
◎ 坪數大小：廚房要能安置大型烘焙機器與足夠活動空間。
◎ 空間規劃：最好找原址就是做相關產業的店鋪，否則就得注意，若需改動空間格局，可能需支出龐大的裝潢支出。
◎ 其他條件：未來若擴店周遭是否有發展空間。

＊留意是否有相關餐飲店家頂讓：
除了店鋪空間格局較為合適，也可以收購前一家店的器材設備，節省大量成本支出。但也要注意前店的頂讓原因，以防周遭環境有問題或曾發生事故。

裝潢

　　店鋪空間格局若要更動，不僅費用高而且可能會有管線的問題，所以一開始就選擇性質類似的餐飲店鋪，可以省下最多的裝潢費用與時間（延期開幕會擔負更多租金成本）。特別需要注意的是郊區或老舊住宅區的房子可能沒有營業用的大電，就要考慮拉電的工期時間可能太長或是拉電的成本太貴的問題。另外老屋雖然店租便宜，但隱藏需要施工修補的項目更多，老屋改造的裝潢成本可能遠遠超過省下的店租費用。

設備

　　若預算有限可以採購二手設備，除了找二手廠商也可以留意是否有店家轉讓，可以收購到整套品質佳且價格較低的器材。另外，不需要因為剛好看到價格不錯但目前還不會用到的器材，就買了備用，雖然在價格低時入手可以省下不少錢，但這筆預算支出可能會造成店鋪預備金的不足，空間也會被這些閒置物品占據，反而損失了機會成本與空間成本。

[**Tips**]

留意倉儲空間：
許多店家在開幕營業後，才發現店鋪的收納空間不足。別忘記安排進貨與出貨的倉儲空間，並安置在能輕鬆拿取或運送的地方。

形象設計與宣傳

　　雖然漂亮充滿設計感的宣傳物，能幫助消費者在接觸店家消息的第一時間留下好印象，可是市面上到處充滿各式花招百出的宣傳訊息，即使一開始感到驚艷，卻很有可能迅速地被其它訊息淹沒而淡忘掉。但一個好的企業理念，若能觸及人心，就能永續經營，塑造品牌價值，再配合行銷宣傳才能取得最佳效益。

｜案例分析：品牌價值｜

以下店家都有清晰明確的理念，
塑造出強烈自我風格，讓人留下
深刻印象。

店家／ Cheese Cake1
Cheese Cake1 品牌名稱即代表創始理念，做出最頂
級的優質起司蛋糕，精品級概念的起司蛋糕獲得顧
客支持，被喻為起司蛋糕界的「愛馬仕」。(p.202)

店家／嬉皮麵包
以友善環境為宗旨的「純素烘焙」為信念──不殺生、
不傷害動物，一樣能做出美味的滿足麵包。滿足純素
者的需求，也填補了純素的市場缺口。(p.84)

店家／河床法式甜點工作室
主廚黃偈以自身經歷和關注的「大自然、環境保育」
為甜點創作的靈感，店鋪也堅持不提供免洗外帶餐
盒，儘量將不環保的包材耗損降到最低。(p.166)

預備金｜周轉金｜

開業的營收若沒有達到預期標準，就需要
動用預備金來填補開銷。一般來說，最少準備
3 個月所需的營運預備金，用來支付這時期的
進貨成本、房租水電與人事費用等等，比較安
心。但為防意外，預備金準備至 6 個月以上會
更保險。

■ 開業資金試算表

店鋪取得費用：

保證金／定金 _____

房仲手續費 _____

房租 _____

其他 _____

小計 _____

週轉金：

店鋪 3 個月營運開銷 _____

其他 _____

小計 _____

內外裝潢費用：

裝潢施工費 _____

木工費 _____

其他 _____

小計 _____

設備器材費用：

廚房器材 _____

店鋪器材 _____

其他 _____

小計 _____

形象設計與宣傳費用：

商標製作費 _____

網頁製作費 _____

其他 _____

小計 _____

- Step 04-
營業環境與衛生安全

符合營業的環境注意事項：

◎ 土地地目

　　一般建築依都市計畫可劃分為住宅、商業、工業、農業等使用區，尋找店址時需注意是否為營業許可用地。若在住宅區找尋店面，則要注意住宅區的土地使用分類，譬如台北市的第三種住宅區，就規定店鋪地點應臨接寬度八公尺以上之道路，且限於建築物第一層及地下一層使用。

　　由於台灣的商業登記法規，採登記與管理分離制，所以店家可能取得了營業登記，卻在開店後才發現該店所在土地不符合營業用地，而延伸出許多問題，甚至可能會被檢舉並勒令停業。

住宅區不同的分類另有詳細規定，第三種住宅區就規定店鋪地點應臨接寬度八公尺以上之道路。

嬉皮麵包店的原店址為一間理髮店，所以在重新裝潢時不僅管線大改，還需「牽大電」才能供營業使用。

◎ 電力規格

　　台灣電力公司提供有營業與家用電兩種不同的計費方式，因為營業用的設備機器比家用的耗電量來得大，所以開店通常都會使用營業用電（可向台電免費申請）。但不一定找到的店面，它的供電線路可以提供開店所需要的電力，這時就要「牽大電」。

　　計算所有裝置同時滿載運所需要花費的電量，就可以計算房子的供電是否足夠。因為牽大電可能需要從不同棟樓拉電線進來，施工就動輒十幾萬元，所費不斐，建議將電力規格也納入尋找店面的條件當中，才不致於已簽訂了租約才發現電力規格有問題。

◎ 污水排放

　　烘焙業與餐飲業者一樣，廚房排放的廢水含有高油脂量，若隨意排放易造成排水系統及公共下水道阻塞，並造成環境汙染。依據建築物污水處理設施設計技術規範，污水排放所含礦物性油脂濃度不得超過每公升 10 毫克；動

植物性油脂濃度不得超過每公升 30 毫克。若超過就要安裝油脂截留器或分離器。

　　正確安裝油脂截留器，每天清洗濾網、定期清除浮油與沉積物才能保持管線暢通。切勿因為疏忽小細節而導致水道堵塞或毀損，而導致更大的損失。

水槽下方管線安裝油脂截留器，預防水道阻塞。

◎　消防安檢

　　消防法規定如餐廳、醫院、賣場、咖啡廳⋯⋯等甲類營業場所，需每半年實施一次消防安檢（詳細規定請參考內政部消防署網站：https://www.nfa.gov.tw/cht/index.php）。小型烘焙坊雖不屬甲類營業場所，但基於自我安全保障考量，請參考消防法規裝設火災預防相關設置與設備，若房屋進行結構性更動（或簽訂店鋪租約前），則需注意消防逃生路線與通道；還要選擇防火材料進行施工與裝潢，並留意瓦斯管線或液化石油氣是否符合安全規範。切莫因為店鋪坪數不大，而忽略安檢，以保障生命財產的安全。

安裝符合安全標準的滅火器，並每三年檢查一次。

◎　衛生管理

　　找尋店鋪時，注意四周環境是否清潔，如老舊社區容易出現的蟲鼠問題或灰塵、空氣污染。室內店鋪與廚房應保持良好通風，空調通風口處保持清潔，排水系統無積水、堵塞或汙染問題。空調管道不可有結露、滴水等現象，以防掉落的水滴中有灰塵、蜘蛛網，而污染了食物。食材和會與食物接觸的設備器材，應放置在離牆並離地五公分以上的地方。（詳細建議可上衛生福利食品藥物管理署網站：https://www.fda.gov.tw/TC/index.aspx）

除了食材不落地，也可將食材依層架分類放置，方便拿取。

◎ 從業人員健康檢查

食品從業人員若患有食媒性疾病,其病原菌或病毒可藉由從業人員的雙手到接觸的器具容器等媒介物汙染食物,因此從業人員皆應接受健康檢查,如有 A 型肝炎、手部皮膚病、出疹、膿瘡、外傷、結核病或傷寒等疾病,不適合從事食品相關工作。

此外,員工也應每年接受健康健查,而工作時若有身體不適或有外傷時,應停止工作或將患部作適當隔離。尤其當手部有傷口時,易感染金黃色葡萄球菌,若汙染食物將引起食物中毒。

廚房工作者應戴帽避免頭髮掉落,穿著整齊乾淨,最好能穿著廚房安全鞋。

- Step 05-
商品的選定

◎ 尋找目標客群

在思考商品種類之前,建議先找出目標客群。譬如年齡 18 ～ 35 歲的學生與上班族,可能喜歡季節性充滿新鮮感的創意甜點;社區型的家庭則對於能當早餐或主食的麵包類商品比較有興趣。而延伸出許多問題,甚至可能會被檢舉並勒令停業。

◎ 設定商品種類

向進貨廠商進貨的量越大,通常能取得比較優惠的價格。所以以同樣食材或前置工序相同的商品,可以降低製作成本。考慮商品種類時,可以在幾個大分類下挑選商品,如塔派類、蛋糕類、歐式麵包或台式軟麵包,從作法相似的大類別中再去發展細項。

◎ 打造明星商品

通常會挑選店鋪供應量最大的長銷商品來作為主打商品,同時成本要合乎效益而且能穩定供應,常見主打商品為可頌、生乳捲、檸檬塔、全麥麵包,而像鹹食麵包成本較高,製作工序較多,就比較不適合當主打商品。但有些明星商品特點突出且具有無可取代性,可以吸引顧客專程前來購買,帶動整家店鋪的銷售,雖然成本高卻是主打商品的不二選擇。

[Tips]

限量激發購買慾:
成本較高的主打商品可能會用限時限量的方式,控制成本的同時也因為限量增加了消費者購買慾望。

人氣甜點＆麵包店的 Top1 明星商品

玫瑰烏龍司康／
嬉皮麵包

嬉皮麵包的人氣甜點，以冷泡烏龍茶搭配清香的玫瑰花瓣，吃得到片片花瓣，適合佐茶享受。

地質學家／
河床法式甜點工作室

外型以地形、岩石為發想，整體為黑芝麻口味，以香蕉、百香果襯出甜點層次！

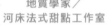

法國長棍／
Pain 法式甜點麵包烘焙店

以多種的法國、日本麵粉製成，每款使用不同自養酵母揉合發酵，香氣口感各異。

北海道十勝乳酪蛋糕／
Aluvbe 艾樂比

選用來自日本的北海道十勝乳酪，乳酪氣味清新、質感高雅不膩，輕盈中帶有純淨的存在感。

檸檬塔／
嗜甜烘焙工作室

法式甜點的經典之作，酸甜度適中的檸檬內餡，配上手工製作的酥脆塔皮，是夏季的銷售紅牌。

- Step 06-
包裝與食品標示

食品包裝除了美觀，讓商品更有吸引力，更需考量如何包裝能讓食物新鮮、安全並完整地送交到消費者手裡，如宅配蛋糕的包裝要有防撞功能，另外包裝也需考慮堅固和方便拿取的問題。若是有送禮功能的如禮盒、蛋糕盒，可以多花心思設計自我風格的包裝，藉此推廣店鋪品牌，做口碑行銷。

另外，依照食品衛生管理法第 17 條，市售包裝食品，應以中文及通用符號顯著標示下列事項：

◆ 品名
◆ 內容物名稱及重量、容量或數量；其為二種以上混合物時，應分別標明。
◆ 食品添加物名稱。
◆ 廠商名稱、電話號碼及地址。輸入者，應註明國內負責廠商名稱、電話號碼及地址。
◆ 有效日期。經中央主管機關公告指定須標示製造日期、保存期限或保存條件者，應一併標示之。
◆ 其他經中央主管機關公告指定之標示事項。

經中央主管機關公告指定之食品，應以中文及通用符號顯著標示營養成分及含量；其標示方式及內容，並應符合中央主管機關之規定。

◎ 食品標示範例

品　　名	：檸檬蛋糕
成　　分	：麵粉、砂糖、雞蛋、檸檬、檸檬巧克力
淨　　重	：40 公克 ±5%
有效日期	：西元○○○○年○○月○○日
保存方式	：冷藏溫度攝氏 7℃ 以下
製造業者	：○○甜點店
地　　址	：台北市忠孝東路○段○○號
電　　話	：(02) 8888-8888

＊字體依法規需大於 2mm（約 6.5 - 7 pt）

01. 禮盒、蛋糕盒，可以多花心思設計自我風格的包裝，推廣店鋪品牌。 02. 宅配蛋糕的包裝要有防撞功能，讓蛋糕完整美觀地送到顧客手上。

[Tips]

標示不清，小心觸法：
製造或保存日期的標示會隨商品製造日而更動，容易因疏忽而標示錯誤。依照《食品衛生管理法》，製造日期標示不實，得處 4 萬元以上、20 萬元下罰鍰。

◎ 營養成分標示（義務標示）

營養標示		
每一份量　公克		
本包裝含　份		
	每份	每 100 公克
熱量	○○大卡	○○大卡
蛋白質	○○大卡	○○大卡
脂肪	○○大卡	○○大卡
飽和脂肪	○○大卡	○○大卡
反式脂肪	○○大卡	○○大卡
碳水化合物	○○大卡	○○大卡
鈉	○○大卡	○○大卡

01. 商品包裝兼顧美觀與方便拿取，更重要的是清楚正確的商品標示。 02. 利用白色弧形紙板固定蛋糕位置，食品標示以貼紙型式貼在包裝盒上。

- Step 07-
商品價格與營業收支

　　商品售價關乎到利潤，店家到底應該賺多少？而消費者心中預期的合理價格又在哪裡呢？我們可以調查在市場平衡機制下，市面的一般售價和最高售價。當商品為一般售價時，顧客可以不需比價即刻購買，而最高售價則為顧客所能接受的極限，所以商品應定在兩者的中間值。

　　一般消費者會預期食材成本應占售價約三分之一的比例，但某些商品可能因為選用進口或是稀少特殊的食材，而使成本占比偏高，這時就要調整商品種類結構，讓全店商品平均的食材成本占售價比維持在 30 ～ 40% 之間。

　　除了食材成本，還有人事費用、店租、水電費、燃料和其他支出，要控制總成本在售價占比約七成以下，才能達到較合理的 30% 獲利標準。以下是營業收支的計算公式：

◆ 計算總收入：

總收入＝商品平均價格 X 每日平均銷售數 X 每月營業日數

◆ 計算總支出：

總支出＝材料費＋人事費＋房租＋水電瓦斯＋耗材包裝＋廣告宣傳＋其他支出

◆ 計算利潤：

總收入－總支出＝利潤

◎ 自備金與貸款：

　　創業初期花費較多，在生意未穩定前，也難有穩固收益，若此時還需償還貸款與利息，不僅要承擔風險還有沉重的還款心理壓力。所以資金來源，建議以個人資金為主，貸款為輔，

　　雖然不能過度依賴貸款，但仍需了解相關貸款方法，以備不時之需。貸款管道分為政府與民間金融機構，政府貸款的利率較低，但要求較高的自備資金比例；銀行等民間機構的貸款條件較寬鬆，但相對的利息較高。

◎ 政府相關創業貸款資訊：

行政院經濟部中小企業處：
青年創業貸款及啟動金貸款

行政院勞動部：
微型創業鳳凰貸款

教育部青年發展署：
「大專畢業生創業服務計畫」(U-start)

臺北市政府產業發展局：
台北市青年創業貸款 & 台北市中小企業貸款

新北市政府就業服務處：
新北市幸福創業微利貸款

高雄市政府經濟發展局：
高雄市政府中小企業商業貸款及策略性貸款

原住民族委員會：
原住民微型經濟活動貸款 & 青年創業貸款 & 經濟產業貸款

- Step 08-
進貨與食材選擇

進貨食材最好盡可能找到上游供貨廠商，可以拿到品質優良、新鮮且更優惠的價格。若有穩定合作的供應商，可以提出細節要求，配合也會更有默契。接下來需計算出正確的使用量、存貨量，並與送貨時間相互配合。若是存貨不足，某些商品就無法供應，造成缺貨讓顧客不滿；但存貨過多則可能造成資金短缺，而儲存空間不夠的情況。

存貨要按照「先進先出」的規則，為食材的新鮮度把關。並注意儲存方式是否正確、控制冰箱在正確溫度、留意保存日期並避免庫存備料過量，才能確保食材新鮮，也減少無謂的食材耗損浪費。

◎ 基本材料進貨小竅門：

◆ 麵粉：台灣、日本，甚至許多歐洲國家生產的麵粉，小麥原料都仰賴進口，差別主要在製作方法與保存方式。不論使用哪一種麵粉，要注意每次進貨的品質，或依照每批麵粉些微調整配方比例，維持商品穩定的風味。

全天然、未經漂白的進口麵粉。

◆ 雞蛋：選擇大型供應商，使用貨源穩定、品質優良且較衛生的水洗蛋。或找尋適合的優質小農，價格稍高，但可以有更嚴格的品質管理和細節要求。

雞蛋用量大，需找穩定合適的廠商。

◆ 牛奶：選從食安風暴過後，全台對於知名牛奶品牌的信心大減，許多業者改用小農牧場的牛奶或進口牛奶。無論使用哪一種來源，店家應為消費者品質把關，注意食材來源與產製的流程和細節。

從日本進口的歐牧鮮奶油。

◆ 水果：選台灣盛產新鮮水果，但價格依產量浮動，量產時價格低廉，缺貨時又供不應求、價格高漲。若店鋪有穩定的需求，可以考慮契作農場，預先向農場訂下一季的量，就能有穩定的貨源、價格和品質。

熱門的季節水果商品容易遇到缺貨或價格太高的問題，如草莓季、芒果季等。

- Step 09-
CIS 與廣告行銷

CIS 全名為企業識別系統設計（Corporate Identity System），包括有店名、企業理念和視覺識別設計⋯⋯等，簡而言之就是塑造這家店的形象，從內在精神到外在包裝。一般人聯想到一家店，可能會對鮮明的 LOGO 或企業顏色留下深刻印象，如燦坤的黃色或 7-11 的橘、綠、紅招牌；但能讓一家店深入顧客內心的則是企業精神，如全聯超市讓人想到低價、無印良品是純樸、自然的優質商品。

經營一家甜點或麵包店，也可以思考創業理念和定位店鋪的特色，再從概念設計一系列視覺識別設計，如 LOGO、標準字、色彩計劃、名片、信封、包裝、型錄、手提袋、招牌、旗幟⋯⋯等。確立了整家店的 CIS，就可以透過各式廣告行銷去觸及更多的消費者。

傳統的廣告工具如電視媒體、廣播電台或報章雜誌，收費較高。在開店規模較小，廣告預算較低時，可以考慮傳單、參與市集擺攤和網路行銷，而在人力成本和長期效益來看，網路行銷是最好的選擇。

現在人習慣上網查詢資訊，如果有自己的網站，可以讓顧客在搜尋網路的第一時間得到充分的資訊，若是還能提供線上客服，會讓消費者與店家的距離感覺更近。請人設計獨立網站的費用會比較高，以下提供幾種方式，可以簡單建立個人專頁，輕鬆操作網頁系統。

◎ 簡易網路行銷工具：

◆ Facebook 粉絲專頁，可以提供即時訊息回覆與顧客打卡功能。

◆ Google Map 的店舖地址登記、有 360 度店家室內全景預覽和顧客評論功能。

◆ Instagram 的美食照片宣傳，隨拍隨傳，貼近與粉絲顧客的距離。

◆ 與其它美食網站或部落客合作，可能需要額外收費。

[Note]

快速出名好嗎？

有些人以為如果有電視採訪或報章報導，可以讓店家「大紅」賺大錢，但如果店鋪本身的產能不夠，或店鋪空間狹小、座位區不夠，則可能出現大排長龍，顧客買不到東西，反而引起抱怨，或是忙中出錯，品質管理出了問題，反而讓聲譽受損。

所以行銷策略需配合店家狀況來作調整，訂定預期的銷售目標，並確保商品與服務品質都能配合。切勿操之過急，否則可能會造成反效果。

01. 02. 嬉皮麵包用吃素的大猩猩來當 LOGO 的形象，傳達「和平」——不殺生、不傷害動物的理念，製作以友善環境為宗旨的「純素烘焙」。03. Color C'ode 運用 Line 做線上即時推廣與親切客服，拉近店家與顧客間的距離。

經營祕訣

順利開店後，除了達成目標營收，還有以下幾個經營祕訣，讓店鋪永續經營、紮根茁壯！

◎ 品質管理

許多店家有好的產品，但品質時好時壞，或一開店時搏出了好名聲，卻為了快速供應產品給更多顧客，使產品流於粗製濫造，產生負面評價。好的品質管理需從原物料供應商到公司每個部門（如廚房與販售區），都作好嚴格控管。可以製作評估紀錄表來彙整每一階段的評量重點，避免漏掉任何一個細項。

Cheese Cake1 在最後包裝過程用 GoPro 錄影記錄，確保產品沒有任何缺失。

◎ 顧客服務

商品是為了滿足顧客的需求而生，以誠懇、尊重的態度對待顧客，才真正作到提供好商品的最後一步。另外，口耳相傳能作出好口碑，誠摯對待每一位進門的顧客，他們會為您帶來更多的商機。還有許多店鋪開在住宅區，顧客就是附近的鄰居，生意不是只作一筆，更要能細水長流、穩定經營。

顧客期待的不只是美味的商品，也包含誠懇的服務態度。

[Note]

客服難道只能挨罵？

開店做生意難免會遇到「奧客」，處理起來要花費很多時間又吃力不討好，明明錯不在自己還要挨罵，不免感到挫折與不甘。於是你可能會想，難道就沒有反擊的辦法，所謂好的顧客服務就是被客人欺負汙辱也不能還手嗎？但其實也沒有什麼方法可以來「對付」客人，除非對方觸法我們可以依法申訴，不然也只能耐心解釋與溝通。但換一方式來想，經營一家店也是經營與顧客的關係，當我們開啟店門歡迎別人，其實就該具備更多的包容心。

◎ 員工訓練

　　穩定的人才是一家店難能可貴的資產，有人才能做事，空有一家店與器材設備，若沒有人去操作也無法有任何產能；若一家店的員工們沒有基於相同理念做事，那麼即使店鋪照常運作，也是徒具空殼而沒有活力。所以員工教育訓練不僅是教導工作技能，也包括企業文化的認同，凝聚團體向心力，訂立共同的工作目標與期待值，才能培養出真正為公司盡心盡力的人才。

◎ 市場競爭力與多元化商品

　　在開店前務必要做市場評估調查，開店後也要繼續審視店鋪商品是否符合市場需求，定期淘汰銷售不佳的商品，詢問顧客意見並適時調整，再開發新商品填補商品空缺。由於甜點與麵包店容易受到淡旺季影響（6～8 月受梅雨季與夏季颱風影響為淡季），可增加更多元化的商品讓店鋪在淡季時仍有營收，如禮盒商品或其他周邊商品。

吳振戎師傅在珠寶盒創辦人 Susan 的鼓勵下，到日本留學再回來開了珠寶盒第三家分店信義穀倉店。

01. Aluvbe Cakery 艾樂比，利用製作蛋糕剩下的原物料，製作小點和果乾類等常溫商品，讓商品種類更多樣化。02. ISM 主義甜時，有多種禮盒款式，招牌達克瓦茲最受歡迎。

◎ 平衡

　　創業之路艱辛難走，許多人將人生都投注在事業當中，卻忽略了與家人相處的時間，甚至犧牲了健康，即使最後事業成功也令人唏噓不已。所以即使再忙碌，也要適時地停下腳步，思考在人生夢想、家庭與社會責任中取得平衡，更別忘了當初開店的初衷與心情：讓我們來開一間夢想的甜點 & 麵包店吧！

part

2

全台人氣
甜點 & 麵包店
開店心法與秘訣
大公開

多年經營，打造優良團隊。

珠寶盒從一個 6 人的小工作室發展成約 50 人團隊，蛋糕、巧克力與麵包都各自有優秀的主廚負責。如今，珠寶盒已成為眾人的舞台，集結眾人夢想的地方。

歐式麵包結合法式甜點，
打造繽紛的幸福滋味——

boîte de bijou
珠寶盒法式點心坊

精緻的糕點給女孩的感覺就像珠寶一樣，買不起真的珠寶，買漂亮美味的甜點也能得到甜蜜的幸福感。早期台式麵包店在糕點的陳列上較為單調，於是 Susan 將歐式麵包結合了繽紛的法式甜點，開了這家給女孩甜蜜美夢的 boîte de bijou 珠寶盒法式點心坊。

Basic Data

師大麗水店 >>
店面：台北市麗水街 33 巷 19 號之 1　**坪數**：30 坪 (包含內外場)
營業時段：10:00-21:00　**客服電話**：02-3322-2461
遠企安和店 >>
店面：台北市安和路 2 段 209 巷 10 號　**坪數**：56 坪 (包含內外場)
營業時段：10:00-20:00　**客服電話**：02-2739-6777
信義穀倉店 >>
店面：台北市莊敬路 239 巷 1 弄 1 號　**坪數**：35 坪 (包含內外場)
營業時段：09:00-21:00　**客服電話**：02-2720-4555
網址：https://www.facebook.com/bdbtw

—— Creation Story ——

2006 年在麗水街平靜的住宅區小巷弄間，珠寶盒法式點心坊開幕了，至今已 12 個年頭。這些年來珠寶盒創下了不少令人驚豔的成就，除了開設了兩家分店，2010 年大 S 指定選用珠寶盒的喜餅禮盒，更讓品牌廣受各方矚目。但創辦人 Susan 說，其實她一開始並沒有計畫要開甜點麵包店，但因緣際會順水推舟之下，她踏上了餐飲創業之路。

原本是室內設計師的她，一開始對廚藝根本一竅不通，更別說做麵包和西點了。但結婚後為了滿足先生和孩子的味蕾與健康，她開始投注身心在精進廚藝。她參加各個烘焙教室與各類廚藝課程，尤其進入穀研所學習後，更燃起她對麵食研究的興趣。獅子座的 Susan 說自己的個性就是「不服輸」，當她發現麵團中只要有些小細節沒注意到，或是稍加變化就會產生截然不同的效果與成品，這樣難以掌控的變化性反而讓她欲罷不能、為之癡狂，為了研究麵包常常到三更半夜也不睡覺。當時穀研所與法國藍帶學校合作，請法國藍帶老師來台授課，Susan 更把握住這次機會積極向老師求教，為未來做出完美的麵包打下根基。

將法式風格帶回台灣

回憶起當年，陪著從事法國醫療代理的丈夫 Eric 到法國出差，那段在巴黎街頭與南法鄉間四處旅行與尋覓美食的回憶，讓 Susan 對歐式麵包與法式甜點留下了美好的印象。十幾年前台灣的麵包只流行日式鬆軟的甜麵包，但 Susan 卻對歐式麵包樸實的口感與單純的麥香情有獨鍾，而且重視家人健康的她更堅持只做無添加化學香料與乳化劑的麵包，要用好食材做出健康的食品。適逢朋友轉手餐廳，Susan 開始經營餐飲業，她便想為何不將這樣的理念與好的食材商品推廣出去呢？

除了麵包，Susan 最擅長的還有甜點，她說精緻的糕點給女孩的感覺就像珠寶一樣，買不起真的珠寶，買漂亮美味的甜點也能得到甜

蜜的幸福感。早期老式麵包店在糕點的陳列上較為單調，於是 Susan 將歐式麵包結合了繽紛的法式甜點，開了這家給女孩甜蜜美夢的珠寶盒法式點心坊。

慢慢積累成為集結眾人夢想的地方

珠寶盒剛成立時並不被人看好，因為和大家習慣的麵包店口味不一樣，也不會為了討好消費者而促銷出售，許多業界人士都猜測它開

不了半年。但堅持好食材高品質的珠寶盒，漸漸贏得了顧客的心，藏身在住宅巷弄間也難掩它的光彩。隨著熟客介紹、口耳相傳逐漸打開了知名度，幾次登上媒體版面，成為台北糕點鋪的人氣名店。

12 年過去，珠寶盒從一個 6 人的小工作室發展成約 50 人團隊，蛋糕、巧克力與麵包都各自有優秀的主廚負責，西點主廚高聖億師傅

更是從創立之初就加入珠寶盒的靈魂人物。各部門也不乏一路從基層成長為店長或副主廚的資深夥伴，Susan 也鼓勵有志夥伴積極創業，提供資源與協助，去年就與麵包師傅吳振戎合作開設了珠寶盒信義穀倉店。如今，珠寶盒已成為眾人的舞台，一個集結眾人夢想的地方。

—— Store Design ——

01. 珠寶盒以精品櫃概
念陳列各式禮盒與搭
配商品。02. 戶外座
位區設置了歐洲常見
的戶外暖爐。03. 除
了櫃檯，禮盒小點還
特別設置單獨陳列架，
方便顧客挑選搭配。

傳遞情感的在地店鋪

在從前法國鄉下，麵包店就是當地傳遞訊
息的地方，就像台灣古早的雜貨店一樣。一家
店鋪聚集了人潮，也凝聚了當地的人心。當
初 Susan 只是為了尋找租金較低的地方，而把
店開在僻靜的巷弄裡，但慢慢融入這個社區之
後，店鋪也與周遭環境共同成長。

隨著珠寶盒的規模逐漸擴大，原本的空
間漸漸不敷使用，Susan 決定開第二家店，也
就是安和店。但新的環境就面臨不同的社區結
構，比如師大麗水店的麵包尺寸會做得比較
大，因為這裡的顧客大多是住在附近的住戶，
會買麵包回家給全家人吃；但安和店的麵包就
會做得比較小，因為附近比較多商辦大樓，辦
公室的商務人員如果買太大的麵包可能就會吃
不完。因應不同環境結構而調整商品，才能適
時滿足顧客的需求。

店鋪風格隨季節變化更新 ▎

珠寶盒能經得起時間的錘鍊，不斷吸引舊雨新知來訪，是因為重視給顧客的「五感體驗」。店不能開了就一成不變，每年流行跟大眾的喜好都會變化，所以珠寶盒會配合四季，從春天到母親節、7月週年慶還有中秋節與聖誕節，每季連同廚房、商品、櫥窗與包裝都會做一連串的設計，讓客人永遠都保持新鮮感。

此外，店鋪空間每三年就會進行小的改裝，五年做一個大調整。不只要給顧客新的觀感，也要調整規劃做一次店鋪的全體整頓。像麗水店原本麵包和甜點都在一起結帳。但五年前決定重新更換裝潢跟設計，把麵包跟甜點的店鋪分開來。因為兩個族群的消費習慣不一樣，選麵包的顧客可以很快結帳，但甜點則需要慢慢挑選，分開以後兩種客群都能更舒適地選購。雖然裝潢還有人力成本會增加，卻帶給顧客更好的購物體驗，這才是長久的經營之道。

話題 X 新鮮感：
甜點師傅的奇幻想像 ▎

配合聖誕節慶，珠寶盒推出白巧克力做成的「奇幻菇菇」，由西點主廚高聖億師傅製作。聖誕節與紅蘑菇的關係密切，除了色系很應景，還有個浪漫的起源。因為在國外的冬天下雪，紅蘑菇的身影就很容易被發現，甚至有傳說聖誕麋鹿就是吃了這種神奇蘑菇才飛起來了呢！

04

04. 室內布置與櫥窗展示會依季節變化設計。05. 西點主廚高聖億師傅與夢幻可愛的季節甜品「奇幻菇菇」。

—— **Store Interior** ——

01. 穀倉店位在住宅與商辦綜合社區。
02. 中島陳列區也利用高低層架讓商品陳列更豐富。03. 底下 1、2 排是即時出爐的麵包，其它層架則是放周邊商品。

打造麵包商品的完美舞台 ▎

　　珠寶盒的第三家分店信義穀倉店是與麵包師傅吳振戎合作開店，選址在住宅與商辦綜合型社區，店門前的公園提供了相對開闊的視野，附近的四四南村在假日也會吸引一些遊客來訪。雖然店不大，座位區十分狹小，但相對地租金不高，所以承擔的風險也比較低。

　　信義穀倉店以販售麵包為主，一開始就將大部分空間挪給廚房使用，所以店鋪的陳列空間小、貨架不多。加上主打多次出爐只賣最新鮮的麵包，每次出爐的麵包量都不多，以免過多耗損。但這樣一來讓店鋪感覺空空的，沒有幾項商品可以賣。於是為了讓商品陳列看起來更豐富，利用高低層架使商品展示更有變化性，並增加了許多週邊商品，像是特別挑選了台灣小農醬油、麵粉、零食和果乾等商品，增加品項豐富度，讓樸素簡單的麵包架也看起來繽紛多元，猶如一個小雜貨舖。

—— Layout ——

店內平面圖

在空間規劃上，設計讓顧客甫一進門，視線可以穿過櫃檯看到烤箱剛出爐的麵包，強調出新鮮現作的商品特色。以中島陳列櫃為中心，讓顧客以順時鐘的方式，從入口往左繞一圈到右側櫃檯結帳。清楚的動線規劃使顧客可以依照順序清楚瀏覽所有的商品，讓小店舖也能井然有序，人多時也不會有擁擠、插隊的問題。

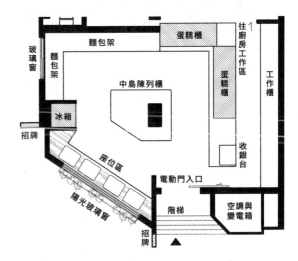

——— Kitchen Design ———

精密的廚房設計與設備投資 ▌

珠寶盒已經經營了 2 家成功的甜點麵包店，對於開第 3 家，Susan 與吳振戎師傅都有更高的期待，在整體廚房設計和設備上投注了極大的心血。烤箱與天花板間採用耐火耐熱的春池玻璃當隔材，若沒有做隔熱，烤箱運作幾小時以 2 樓地板會變很熱，影響 2 樓住戶的生活；考慮內場有許多女員工，層架與設備都會注意高度讓女生也能輕鬆操作；麵粉區的規劃也特別設計，可以分門別類依層架輕鬆拿取，保持食材不落地；為了精密控制溫度環境，投資了價值 60 萬的老窖機給酵母住，可以增加麵團保濕程度、延緩老化、避免雜菌孳生、讓嚼勁與口感更好。

大量投資在設備上，並不能短期在獲利上看出成效，但因為精良設備而省下的物力與人力成本，會穩固並長期回饋給店家。當然最重要的是，利用先進的器材更精確控制生產過程，可以做出更美味的麵包。

01. 4 個發酵箱讓不同的麵包種類可以同時作業，投資設備省下人力與時間。02. 同時測量溫度與 ph 值的電子溫度計。03. 價值 60 萬的老窖機，為酵母打造適合的環境。04. 以前學徒剛進廚房時，就是要無限地洗烤盤。但投資一個洗碗機，可以把人力拿去做更有創造力的事情。05. 放置烤盤的架子在閒置時可以 90 度折起來節省空間。

給麵團們住獨棟別墅（發酵箱）

　　麵包需要低溫長時間發酵，四個發酵箱可以分別調整不同的溫度，針對不同種類的麵包給予最適合的發酵環境。譬如普通麵包是在約32度，但這個溫度對丹麥類麵包太高，油脂會流掉而沒有層次感。另外麵包分別發酵製作，可以少量多次出爐，馬上拿去烤，在程序上節省了時間，更方便作業。

06. 烤箱的層板可以抽出，身材嬌小的女孩子也能輕鬆操作機器。
07. 利用勾架來整理模具，既能節省空間也方便拿取。

—— **Visual Design** ——

01. 禮盒可以客製不同顏色或圖案的緞帶。 02. 馬卡龍、水果軟糖、巧克力還有費南雪等傳統法式小點心都很適合作成禮盒商品。 03. 不同主題有不同風格的禮盒，不同組合搭配滿足顧客的多元需求。

客製化的禮盒設計

　　從前糕餅店很少有專門設計的禮盒包裝，但要求完美的 Susan 想讓珠寶盒商品與包裝呈現得更相得益彰，所以下了很大的心血在設計與包材上。但在 12 年前 關於包裝禮盒要收費是一件「奇怪」的事情，就像買鳳梨酥沒有聽過盒子要收錢吧？但如果要送便宜又不好看的盒子，作設計起家的 Susan 也沒有辦法接受，所以雖然顧客們會抱怨盒子還要另外買，但珠寶盒還是堅持自己的風格與質感。

　　後來也證明這樣的堅持是正確的，漂亮精緻的禮盒對於送禮的人，不僅是將糕點送與對方，更在包裝上體現了自己的心意。珠寶盒除了針對顧客的需求客製化禮盒的內容與包裝，也會蒐集最新的資訊作參考，並集結設計團隊與行銷部門的夥伴想法，做出珠寶盒獨家設計的尊貴質感。

鼓勵夥伴進修學習 ▎

每一個麵包、甜點都是手工製作的獨特商品，而珠寶盒就是那個展現繽紛的舞台，主角是辛勤努力的員工夥伴們。鼓勵他們成長茁壯，也放手讓他們盡情去發揮，珠寶盒才能保持永續的活力。為了提供舒適的空間與學習環境，珠寶盒的員工休息室不僅冷氣開放，還有一櫃子的食譜書籍，讓有些員工下班了也不想馬上回家，留下來看書繼續精進技藝。

所以不少員工在珠寶盒一待就是好幾年，甚至 Susan 也鼓勵他們勇於追夢、創造自己的舞台。吳振戎師傅在 Susan 的鼓勵下，到日本留學再回來開了珠寶盒第三家分店信義穀倉店。因為將夥伴們都當作家人，所以珠寶盒這個「家」會乘載著大家的夢想，更加蓬勃發展下去。

◆ 營業開銷

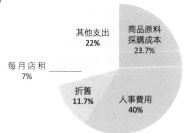

其他支出
22%

商品原料
採購成本
23.7%

每月店租
7%

折舊
11.7%

人事費用
40%

04. 吳振戎師傅在 Susan 的鼓勵下經營信義穀倉店。05. 休息室有冷氣和舒適的環境，每個員工都有專屬的置物櫃，還提供了大量食譜書供借閱學習。

—— **Product Design** ——

人氣 > *Top 1*

- 農夫 (Seigle Raisins-Noix)-

農夫麵包是一款簡單，口感單純很簡單的麵
包。採用天然酵母與裸麥粉自然長時間醱酵，
內有葡萄乾與核桃，全素可食。$85

人氣 > *Top 2*

- 面具 (Fougasse)-

比臉還大的「面具」麵包，採用低溫發酵，
使用蛋、橄欖油、義大利綜合香料，黑、綠
橄欖、酸豆、蒜頭和義大利風乾番茄製作。
$90

人氣 > *Top 3*

- 大魔杖 (Baguette)-

想呈現在法國時吃到的老麵風味，使用魯邦
種低溫長時間發酵，以及日本日清小麥粉，
散發特有麥香，無糖、無油、無蛋，口感酥
脆。$85

追求天然、健康與美味

　　珠寶盒的產品一直追求天然、健康與美味
三大要素，早在台灣爆發出食安風暴之前，珠
寶盒就已經在原料來源上為消費者把關，使用
小農鮮乳，採用無添加的麵粉等食材，而且堅
持不使用多餘的化學添加物，如麵包的益麵
劑、乳化劑、人工香料、色素等。

引入法式傳統糕點習俗

　　除了做出傳統且最純粹的法式麵包與甜
點，珠寶盒也希望一併將這些糕點的習俗與文
化分享給大家。像是每年都會推出期間限定的
國王餅，是因為在歐洲國家傳統中，為紀念1
月6日的主顯日，親友會團聚一起享用國王餅
「國王餅」，而且會在派裡藏一隻小瓷偶，其

—— Product Design ——

法式經典 >>

- 布朗峰 (Mont Blanc)-

法國經典的甜點，上層為沙巴東栗子奶油餡，內餡為栗子與栗子布丁餡，底層為塔皮，外貌似布朗峰的栗子蛋糕。$180/pc、$980/6 吋

法式經典 >>

- 布洛涅森林 (Tarte Myrtille)-

新鮮藍莓搭配卡士達內餡 / 檸檬百里香餡 / 什錦莓果凍，下層為綜合莓果杏仁塔皮，清爽不甜膩。$180/pc、$1080/6 吋

適合送禮 >>

- 馬卡龍 -

最具代表的法國皇室甜點之一，幾世紀以來的魅力深深擄獲世界各地的甜點迷。酥脆的外殼加上各式口味的內餡，小小的一口卻可以讓人頓時忘卻煩惱。$80/ 顆、$480/ 6 入、$900/ 12 入

期間限定的節慶商品 >>

- 國王餅（Galettes des rois）-

以低溫長時間烘焙，將麵團包入法國天然奶油，多次來回的滾 打造口感輕盈的千層外皮。內餡挑選上等的杏仁做成潤的杏仁內餡，搭配酥脆的千層成為強烈對比。$690/ 檬 (2017)（價格依每年口味不同而調整）

中吃到瓷偶的幸運兒將會有一整年的好運氣。除此之外，如馬卡龍、水果軟糖、普羅旺斯的艾克斯糖等都是法國當地常見的點心，希望顧客來到珠寶盒就像開啟了一場通往法國鄉間優雅度假的旅程。

美味的秘訣 >>

★ 健康的食材吃到嘴裡，身與心都能有無負擔的愉悅。

★ 隨時接收國外甜點最新資訊，透過國外網站或出國進修。

★ 定時推出季節或節慶商品，讓顧客保持新鮮感。

經營夢想，讓生活變得理想。

曾經走在國外街道、日本的小巷弄間，發現不起眼的閒靜小店，
裡面的麵包師專注於傳統的手藝，讓麵包香氣四溢……
也許這就是「理想生活」的味道。

-shop-
02

正統長時間低溫發酵，
越陳越香的法式鄉村麵包——

M PAIN
法式甜點麵包烘焙店

每天，老闆會在下午開始養酵母，以麵粉、水、進行長達12小時以上的低溫發酵，等待酵母一整晚的熟成休眠，隔日再進行麵包製作。培養出自家獨特的風味的酵母，是奠定 M PAIN 成功的基礎也是關鍵。M PAIN 的店名取其諧音，M=my，PAIN 則是法文麵包的意思，就是想傳遞：「來我的麵包店，愛上我的麵包吧！」用獨一無二無法被取代的美味，越陳越香的老麵麵包征服客人的味蕾。

Basic Data

店面：桃園市中壢區中央西路二段 224 號
網址：https://www.facebook.com/MPAINBP/
營業時段：平日 13:30~19:00 ／ 週三 休
客服電話：03-401-5819
店鋪坪數：室內販售空間 10 坪（不包括前後院戶外空間）

────── **Creation Story** ──────

藏身在桃園巷弄中,那是一間老宅,沒有仔細留意,會以為是某間民宅的地方。但,隨著每日傳出的香甜烘焙香氣,讓人停下腳步,好奇地向內探索。它是 M PAIN Boulangerie & Pâtisserie,2016 年 5 月開幕,沒有刻意宣傳、只專於每日細心養酵母、烤法式麵包,成為外地人傳說中的:「桃園最美的麵包店。」

老闆夫婦思樺與俊宏從學生相戀至今,愛情長跑多年。畢業任職於科技業,平平順順過了十年旁人羨煞的安穩生活,但兩人其實覺得這樣的生活,就像機器人一樣單調乏味,甚至開始重新思索自己的人生:「這是我想過一輩子的生活嗎?」一旦這樣懷疑的種子開始發芽,便不斷滋長。如果要換一種方式生活,那我們該怎麼做呢?經過不斷思考後,兩人決定要自己創業。

為創業做事先的準備 ▌

這件事聽起來大膽又冒險,但其實理科出身的夫妻倆都是做事鎮密而有計畫性的人。在考慮過開餐廳、開咖啡店等考慮後,最後決定以兩個人都喜愛投資額不用過高而且續航力較佳的麵包店著手,並訂定了約一年多的開店計畫。俊宏先離職準備轉業計畫,思樺則繼續工作維持收入來源,在資料還有各方面籌備成熟後,兩人抱著已無退路的決心,一同到東京上藍帶學校,正式啟動烘焙之夢。

開一間有態度的麵包店吧! ▌

完成東京藍帶進修回國後,兩人一邊觀察國內麵包店的類型,一邊在家磨練技術研究商品,一邊進行開店最重要的第一步,尋覓一個最適合的地方開店。原本兩人因為工作都定居在台北,但考慮台北的店家競爭壓力較大,而且店租也較高,雖然相對的人潮多,但兩人

想開的是以產品為導向，不嘩眾取寵也不隨波逐流的個人特色店，所以若以長期穩定發展為考量，高成本也高風險的台北並不適合兩人開店。於是兩人回到俊宏的家鄉──桃園，並在尋覓半年後，幸運地在桃園找到非常有味道的老宅，而租金也在能控制的範圍內。

在整理布置的這半年間，兩人也在思考，如何做出一間：「台灣沒人做過的法式麵包店。」兩人在藍帶學藝，不僅了解法式麵包的作法，更深知其中的精隨──最傳統的法式麵包就在法國鄉村，那裡每家店都用自家酵母打造出屬於自家的特色麵包。所以他們決定不走主流派，不做大部分台灣人愛吃的紅豆麵包、菠蘿麵包等甜軟包，而是養自家酵母，每日提供至少 3、4 款以上不同的法式長棍麵包。雖然一般店家較少製作台灣人接受度較低的長棍麵包，但是老闆認為：「法棍是法式麵包的基礎，這些不同的長棍都有不同的特色和味道，經過不同酵母處理。」從長棍這個品項就可以品嘗出來與別家店的不同，「我要讓別人知道，想吃不同的長棍，就要來我們家買！」老闆驕傲地說。

客人挑麵包　麵包店也在尋覓知音

堅持品質、專賣法式麵包的原則下，加上地處偏僻，讓開業前八個月狀況不穩定，也常遇到客人上門嫌貴、出爐的時間不穩定、國人慣吃的品項為何不賣等負面意見，讓兩夫妻也有陷入沮喪的狀況。好在這些因素也在當初開店的考量狀況之中，兩人在開店前就已備妥半年的準備金，也會依照每日天氣狀況、淡旺季即時調整產量，不迎合、持續溝通，終於在一年後，聲名傳到北中南各地，讓店內業績有了起色，而且未來將有展店計畫。

挫折讓他們越挫越勇，但心心念念必有回饋，M PAIN 吸引了更多認同且喜愛法式麵包的顧客。就如同 M PAIN 的店名信念：「來我的麵包店，愛上我的麵包吧！」

01. 老宅綠意盎然，讓人有尋幽探勝的感覺，門口放置了烤乾的長棍麵包，吸引過路客的注意。02. 夫妻兩人辭掉科技業工作，赴日本藍帶學院進修。03. 老宅改造成麵包店，但仍保留如舊鐵窗等，有老宅特色的地方。

─── **Store Design** ───

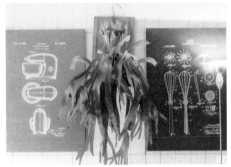

01. 屋外的花園鋪上木棧道，人潮多時，顧客會在此排隊等候。02. 牆壁的裝飾畫和許多店中小裝飾，都是老闆夫妻在國外旅遊時帶回來。03. 兩層樓的老宅，一樓作店面使用，二樓目前還在規劃中。

讓人尋幽探訪的偏僻麵包店 ▌

考量到租金與店面風格，M PAIN 選址刻意選在從台北開車不遠，租金卻相對較低的桃園。定位像是日本巷弄麵包店，沒有熙熙攘攘的人群，但如果踏進店門的那一定是刻意前來的客人。

房子的原貌是間老宅，透過兩人自己畫設計圖，親手翻修整理，這座老宅重獲新生！院子鋪上草皮、室內重新裝潢，並從國外海運回各式風格小物件營造出有情調的小空間，再利用閒置的院子種種花草，佈置情境座位區。從前沒有做過園藝或是木工，但夫妻倆都從頭學起，從一草一木自己動手參與這家小店的誕生。將空間打造成，有花草、有著歐式盤碗小櫃、藏著法式風情的台式老屋麵包店。有不少顧客因為 IG 還有 FB 打卡的照片吸引而來，老屋與麵包店的結合讓人驚艷，從視覺、嗅覺到味覺帶給顧客全面的體驗。

01. 顧客們依序排隊挑選麵包，因為動線簡單清楚，也方便與顧客介紹品項。02. 裝飾用的麵包和 M PAIN 的 Logo 牌子都是用烤乾的食材（真的麵包）製作。03. 半露天的戶外座位區，因為後院的大樹遮蔭，清涼僻靜。

有庭院的寫意自宅

店鋪的空間依功能性分為座位區（庭院）、販售區（店面）、廚房區，風格有別於傳統麵包店的制式規劃，盡可能保有像家一般的隨意與趣味性。不以量感陳列為核心，而是走居家生活風格，在木架上大面積陳列書籍、居家小物、蕨類植物等，營造舒適寫意的自在慢活，讓顧客進門不急著拿取麵包，而是先享受空間後再細細挑選。

同時，為讓顧客能慢慢感受空間，庭院不限時（低消為店內一杯飲料），提供顧客休憩享用麵包的悠閒時光。因人力等因素考量，店內無販售咖啡，特別挑選可與麵包搭配、或微帶氣泡、口感細緻且味道輕盈的飲品，讓顧客做選擇。

—— Kitchen Design ——

追求頂級口感的極致講究 ▌

　　廚房空間的規劃上，首要還是重動線與便利性，大型機具依功能性歸類靠牆擺放，工作檯置放中央，便於操作及提升動線流通效率。小店資本有限，考量後續維修與損壞造成的影響程度，冰箱、攪拌機購入二手品，烤箱則是堅持買全新的（不能等維修，若故障就只能停業），並以開店十年為基準，衡量機具的耗損成本。

　　烤箱依照不同麵包口感，分別選擇以旋風式與石板層爐烤箱進行烘焙，像是店內法國長棍講求外皮酥脆，石板的蓄熱性好、加熱快，溫度高達 270 度，將麵包貼在石板上，外酥內軟的效果特別好。旋風式則適用於烤甜麵包，烤箱內氣流與溫度較平均，讓效率提升並且保有甜麵包富有水分、柔軟、保濕度高的均勻烘焙特質。為讓每個麵包都能呈現最完美的狀態，縱使僅是微妙的差異，M PAIN 依舊選擇最費工、需要細心照顧的方式，製作手中的每一個 PAIN。

01. 從科技產業換到烘焙業，老闆俊宏每日專心一致作出新鮮的麵包。
02. 03. 塑型好的麵包後，再送進石板層爐中烘烤。 04. 05. 戚風、可頌或其他小型麵包餅乾，使用對流較快的旋風式烤箱。 06. 美味的布里歐許，烤好後要快速趁熱脫模。

關於法國麵粉：

M PAIN 大部分的麵粉都由
法國進口，這是一般店家比
較不會做的事情，因為每一
批法國麵粉的質量不一定，
和酵母結合後產生的結果也
會不同，需要因應每一次進
的麵粉再去做調整，才能保
持一制的風味。

烤箱分工，效益最佳化

	體積	溫度	適用麵包	價位
石板層爐	約 65 吋高、55 吋寬，占地空間較大。	獨立控制，每層可烘烤不同種類的麵包。	歐式麵包或其他有嚼勁的麵包。	80 萬
旋風式小烤箱	約 23 吋高、20 吋寬，擺放位置彈性。	對流快，每層溫度一致且平均。	戚風、可頌或其他小型麵包餅乾。	40 萬

—— **Fine Process** ——

使用法國麵粉的絕妙滋味 ▌

　　師承東京藍帶學院的法國籍主廚，M PAIN 堅持遵循古法製作，並依照不同麵包類型，選用適合製作該麵包，來自不同國家的麵粉，像是法國長棍，就指名一定要選用法國麵粉製作。法國麵粉在潮濕的台灣氣候中不易操作，風味卻帶有真實的特殊麥香，做成傳統長棍的滋味是他國麵粉無法取代的。

　　因 M PAIN 麵包將麵包定位為主食，可搭配肉類、頂級奶油享用，店內麵包多為口味單純、有嚼感、易於搭配食材的麵包類型。佐配的肉品、飲品與奶油，大多來自法國在地的老字號品牌，如伊絲尼、艾許奶油，也會依照時節與顧客需求，自製果醬提供甜口味抹醬的選擇。

01. 02. M PAIN 的麵包依循古法並使用法國麵粉，為了要創造與歐式麵包最道地的味道。03. 麵包與不同時令的果醬和奶油、起司，都能搭配出不同的絕佳風味。04. 不同容器讓商品陳列更活潑。05. 櫃檯邊整齊放置了供顧客挑選麵包的籃子。06. M PAIN 的 Logo 招牌呈現出細緻典雅的感覺。

04

05

巧手創意獨門匠心

為強化 M PAIN 的獨特印象，店內設計了
許多小巧思，陳列方式不同於傳統麵包店的塑
膠盤，大多使用國外帶回的歐式鐵盤、木盤，
不制式、高高低低、有躍動感的方式展現各式
麵包。或立、或平放，運用高低視線差，做出
活潑有趣的味道。

店外的裝飾麵包，也是效法國外，將可食
用麵包烤至極乾，採用真正的麵包做成、有溫
度的裝飾品，此外，手寫式春聯 DM、金屬麵
包籃、日本特色門等細節，皆是 M PAIN 呈現
的自我風格，吸引了更多喜好風格店鋪的顧客
上門。

為了回歸原始與自然的意象，更為了強調
麵包的基礎，LOGO 使用素白當底色，並用花
體字加上纏繞的麥穗，增添了古典雅緻的韻
味，M底下的擀麵棍也象徵了麵包師傅秉持專
一的精神。

06

◆ 營業開銷

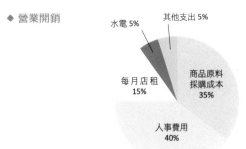

水電 5%
其他支出 5%
每月店租 15%
商品原料採購成本 35%
人事費用 40%

—— **Product Design** ——

人氣 > *Top 1*

- 各式法國長棍 -

以多種法國麵粉製成，每款使用不同自
養酵母揉合發酵，香氣口感各異。左 _
T55 法國長棍 $100 / 中 _ 鳥越法印長棍
$110 / 右 _T65 法國長棍 $110

人氣 > *Top 2*

- 可頌 -

以伊絲尼發酵奶油製成，香氣濃郁層次
豐富，是店內長銷的人氣商品。$60

人氣 > *Top 3*

- 巧克力布里歐 -

以布里歐麵包為主搭配法國巧克力，口
感綿密細緻。$46

特殊食材 >>

- 無花果麵包 -

以土耳其無花果乾結合淡淡蘭姆酒，果
香高雅嚼感十足。$125

綜合口感 >>

- 核桃奶油 -

獻給堅果迷的經典之作,鬆軟麵包體包
覆脆口核桃,口口都是營養。$100

進口商品 >>

- 自製果醬 / 手工火腿 -

提供佐麵包的果醬與歐洲進口手工肉
品,果醬為自製品,不定期更換口味。

特殊食材 >>

- 綜合穀物 -

採用 5 種精緻穀物,搭配上 Q 彈有勁的
口感。$125

美味的秘訣 >>

★ 僅使用自家養的酵母作麵包,光是法
國長棍,每日就有三、四種可供選擇。

★ 製程遵守法國傳統製法,只給客人最
正宗的滋味。

★ 麵包限量多次出爐,確保產品的新鮮
度。

因為純粹所以美味

麵包，就是 Purebread Bakery 的招牌，一如我們
的初心。東西好吃顧客就會上門，這是萬年不變
的法則。

-shop-
03

引領歐式麵包潮流先驅，
純粹慢工的麥香之作——

Purebread Bakery

從 2015 年開始營業，在短短三年的時間內，Purebread
Bakery 已經成為網友們津津樂道的「台北最道地的正宗
歐式麵包」，而且在臉書的顧客評價中，也拿下逼近滿分
的優質好評。更是 2018 年台北米其林餐廳的餐廳，指名
合作的麵包店品牌。在這個顏質當道、行銷取向的媒體快
世代，秉持著創業時的初心，沒有刻意編排矯飾的宣傳造
勢，Purebread Bakery 單純的慢工之作，成就了一抹浪漫
留白。

Basic Data

店面：台北市大安區四維路 154 巷 15 號
網址：https://www.purebread.com.tw/
營業時段：10:00-21:00
客服電話：02-2219-1335
店鋪坪數：約 40 坪

—— Creation Story ——

在國外唸書的老闆 Jim，自小愛吃麵食，畢業返國後，每當嘴饞想回味歐式麵包時，在台灣卻很少台式麵包之外的選擇，心心念念的國外「真麥」麵包，從未在台灣嚐到過。直到，某次透過朋友介紹，熟識有烘焙經驗的外國麵包師，共同研發製作出讓他感到自信的「歐式麵包」，於是，開了這一間不走花俏路線，專賣歐式麵包的質感小店。

倚靠時間的緩慢發酵
無法偷時間的天然乳酸

為做出台灣吃不到的傳統歐式麵包，Purebread Bakery 堅持自己養老麵，運用不同的養殖方法，慢慢培養適合各式麵包的酸麵團，縱使耗費人力、極長的時間，依舊篤信乳酸的香氣能戰勝速成化學麵包，在這個食安亮紅燈的年代，盡一己之力做出天然又耐人尋味的真實歐式麵包。

開店之初，發現乳酸與麥香的純粹風味並無法快速地吸引習慣吃軟式台包的顧客上門，整整一年的時間，店面的開支如流水，業績苦無成長。但因對自家的產品有自信，老闆 Jim 將嚴選食材（國外進口純小麥麵粉）大量陳列於店面入口處，以更透明化的方式，讓顧客直接用眼睛理解 Purebread Bakery 的用心，並花費更多心力與時間與每位上門的顧客細心講解自家麵包的特質，此外，大方提供產品試吃，用味蕾最真實的反應，讓顧客認識歐式麵包的純正風情。

01

星光璀璨的低調麵包店

靠著對顧客不厭其煩地細心解說，漸漸累積熟客，Purebread Bakery 逐漸打出知名度，也在員工的牽線下，Purebread Bakery 有了與西餐廳接觸的機會。因口味正宗道地，與在國外吃的風味與口感一模一樣，做為佐餐麵包，既不搶味喧賓奪主，又能以天然乳酸喚醒味蕾，讓麵包成了西餐廳的不二首選。今年春季，奪下台北米其林的西餐廳，也是支持 Purebread Bakery 的好夥伴。

名氣逐漸響亮後，Purebread Bakery 依然花費最多時間在製作麵包，而非追尋潮流吸引一時的搶購熱潮。Jim 分享，知道品牌該做

什麼，心就不會因此而躁動或模仿他人，因為
Jim 相信──「麵包，就是 Purebread Bakery
的招牌，一如我們的初心。東西好吃顧客就會
上門，這是萬年不變的法則。」

員工就像麥香
慢慢咀嚼終會回甘　▌

　　走過三個年頭，Jim 說，員工是 Purebread
Bakery 的最大資產。因為有開心的員工，才有
充滿能量的品牌，消費者也會感受到團隊的活
力與快樂，上門消費會更有動力。所以，會給
員工一個好的工作環境、薪水與上班時間，也
會盡可能協調一個穩定的班表，讓員工有規律
的休息時間，工作開心、睡得飽，才能有精神
與自信迎接工作上的挑戰與任務；同時，創造

機會聆聽員工意見，像是商品定價前，會詢問
員工接受度，用團隊的概念調整定價結構，讓
全體夥伴同心，真心認同自己的公司與產品，
合作關係才會健康且長久，現在，最久的員工
已跟著 Purebread Bakery 兩年，正如自家麵
包的麥香一般，慢慢咀嚼、真心經營，適合的
人就會陪你嚼到回甘的甜美。

01. 為了做出心中的麵包，
Jim 決定自己創業開店。02.
巷弄中不算起眼的店面，傳
來誘人的麵包香氣。

02

—— Store Design ——

01

隱身巷弄的歐風麵包店

　　為了將成本誠實地回饋在麵包品質上，店址選擇在巷弄內降低租金開銷，利用歐美風濃厚的優雅深藍吸引顧客目光，強化小店的視覺形象與質感品味。且因店址鄰近學區，過午與下課後的時間點，更能吸引飢腸轆轆的民眾入店購買，以色彩學中最具魔力的顏色「暖色系麵包」，刺激眼球進而促成消費。

　　在店鋪格局的規劃上，以「產品導向」為設計主軸，約 2/3 的空間留給開放式廚房進行產品製作，其餘約 1/3 的空間，則提供顧客選購麵包外帶。為強調自家麵包在食材上的純粹與嚴選品質，將麵粉、砂糖等原物料，堆疊於入口區，不但便於顧客清楚了解食材用料，更是店內有趣的一隅陳列布置區。

[*Tips*]

為什麼麵粉要自己進？

台灣麵粉商琳瑯滿目，進口跟在地都在爭取出頭的機會。面臨這麼多選擇，為何要承擔進貨囤貨的成本？其實原因很簡單，因為 Purebread Bakery 不在意品牌而是實際的品質。堅持只進口成份表裡只有小麥粉，袋子正面說明是未漂白的優質麵粉。

麵包迷的質感小櫃 ▎

　　為突顯 Purebread Bakery 的主角——「麵包」，空間設計上，盡可能將視覺重點集中在同一邊，讓注意力能專注在麵包上，減少失焦的可能性。並運用歐美常見的小櫃位概念，將麵包放置玻璃櫥窗之中，增強陳列時的精緻度，並有專業的服務人員，一對一解說及服務，讓每個麵包的故事，能在被品嚐之前，有更深入了解的機會，慢慢累積更多人認識歐式麵包，才能平穩地增加熟客量。

　　對外窗也是空間規劃的重點，好吃的麵包有其該有的光澤與質感，將主打的麵包品項對外展示，能吸引過路客的好奇，自動引流新客進門詢問，達到有效的「產品會說話」。

　　燈光設計上，刻意降低光線的明亮飽和度，將暖色燈光打在右側麵包區與左側食材區上，彰顯麵包的美味與食材的用料純粹，其餘部分則巧妙淡化或融入店鋪背景中，包含連服務人員的制服，也設計為深藍色系，藉此留下最大的舞台，給麵包表現「麥」點。

01. 食材與原料透明呈現在顧客眼前，縮短了從原料到成品的想像距離。02. 店面雖小，但也拉近了與顧客間的距離，就像早期柑仔店與客人親密互動。03. 外場穿著的丹寧圍裙與店的基調相輔相成。

—— Kitchen Design ——

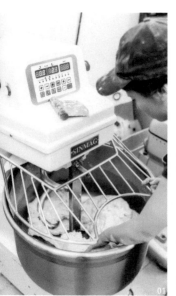

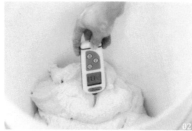

歐美正宗的麵包育嬰室 ▌

　　廚房空間的規劃上，Purebread Bakery 依照流程分隔工作區域，發酵、養老麵、攪拌、塑形、烘烤等，各有不同區域同時進行，橫向式的空間設計，更能讓每個區域的員工一目了然同事們正在進行的流程狀況，便於需要時能適時協助。

　　烤箱的選擇上，老闆 Jim 於開店前聽從業界前輩的建議，選擇購買全新烤箱而非二手烤箱，避免在後續維修與各種意外發生時，影響到麵包的出貨狀況，造成聲譽與品質上的瑕疵與出包。且為堅持正宗歐式麵包的品質，特別引進國外進口的木桌，用以製作麵包，讓麵包組織能維持在更穩定的狀態與溫度上，讓愛吃歐式麵包的饕客，感受到 Purebread Bakery 對品質上細微的堅持。

[Tips]

木桌小知識：
一般麵包店多用不鏽鋼桌製作麵包，易操作但溫差大而木桌相對溫度穩定，但台灣潮濕，需更細心養桌與妥善清潔維護。

01. 02. 03. 不同麵粉要掌握不同的發酵濕度與水份比例，精確測量統計讓每一道程序都精準無誤，才能維持麵包的品質與美味。04. 廚房空間規畫出前後較大間距的工作桌空間，可以同時多人作業又不至於互相干擾。層架使用移動式，方便移動與廚房地板的清理。

05. 烤箱旁的層架是為了要「放涼」麵包，讓滾燙變麵包裡面的內部組織固化，口感會比較輕盈也方便切割。06. 07. 08. 廚房除了整潔，最重要的還有收納，將同類別的工具收整在適當的層架位置，清潔後隨時歸位，既保持整潔又方便作業。

—— Visual Design ——

02

03

01

簡簡單單的真食饗宴

　　為了讓外帶顧客享用麵包時，能品嚐到如剛出爐的滋味，酸麵團系列在包裝上選用日本進口包裝紙，能減少麵包表面與濕氣接觸的機會，同時提升商品質感，提供優雅的購物感受。此外，特別製作回烤說明小卡，由服務人員親自解說，讓顧客買回家後，能正確復熱品嚐到最好的風味。

　　Logo 設計形狀為刀片。 刀片屬歐式麵包進烤爐前最後一道工序的重要工具。 對 Purebread 象徵著有始有終的態度。

　　外包裝上，選用全素面的牛皮紙袋做提袋，不求提袋所帶來的速成廣告效果，而是刻意低調，用袋中物「麵包」替 Purebread Bakery 說話。信仰行銷要慢慢來，效益才會更長久。

01. 02. 為了讓麵包減少表面與空氣接觸的機會，使用日本進口的包裝紙。 03. Purebread Bakery 的 Logo 形狀是刀片，象徵麵包進烤爐的最後一道工序。 04. 包裝盒也以同樣樸素簡單的風格設計，因為店鋪空間小，陳列在層架最高的閒置處，作展示行銷。 05. 名片使用燙銀處理，做出 LOGO 的刀鋒質感。

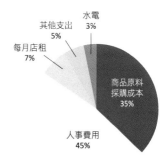

[Tips]

麵包回烤與保存：

麵包若是沒有即時食用完畢，可以分成小等份，用塑膠袋分別包裝，再放入冷凍庫冰起來，等要食用時再拿出來。
食用前先將麵包解凍，再將烤箱調到攝氏 160 度，烤約 4 ～ 6 分鐘，即可享用香噴噴出爐的熱燙麵包。

Step 1.
以塑膠袋包裝放入冷凍庫保藏

Step 2.
烤箱攝氏 160 度，烤 4 ～ 6 分鐘

Step 3.
享用剛出爐的熱燙麵包

◆ 營業開銷

- 商品原料採購成本 35%
- 人事費用 45%
- 每月店租 7%
- 其他支出 5%
- 水電 3%

── Product Design ──

人氣 > *Top 1*

- 傳統可頌 -

店內的人氣商品，油份與糖分拿捏得恰到好處，酥
香十足，最能看出麵包店功力的單品。$55

人氣 > *Top 2*

- 香橙肉桂捲 -

結合可頌麵包的層次與肉桂捲的香氣，帶有淡雅香
橙味，為肉桂增添一抹清香。$70

人氣 > *Top 3*

- 原味酸麵團 (400g)-

以自家培養的老麵酵母所製作，非刺激醋酸，而是
淡雅悠長的微微乳酸，口感紮實，風味獨特，能品
嚐到真正酸麵團滋味。$140

能佐餐的日常歐式麵包

有嚼感、咬下散發淡淡乳酸味的歐式麵包，是歐美人的日常主食，Purebread Bakery 主打「可佐餐」的歐式麵包，提供顧客純粹而富變化性的吃食提案，無論是搭配果醬，佐台式菜色：滷肉、牛肉湯等，甚至做成三明治當快手美食，都是日常中美好的麵食享受，一本初衷，隨客自變，把簡單的事重複做到最好，就是讓人不斷回購 Purebread Bakery 的秘密。

—— Product Design ——

巧克力控的最愛 >>

- 巧克力酸麵團 -

加入 100% 的巧克力粉與 50% 含量的巧克力豆，這樣
製成的酸麵團甜中帶苦，醇厚夠味，是巧克力粉絲
的忠實選擇。$120

鹹食商品 >>

- 火腿起司裸麥可頌 -

可頌麵包的華麗版本，裸麥風味勾勒出麵包後味，
真材實料的火腿、起司組合更符合國人愛吃有料麵
包的習慣。$120

異國風味 >>

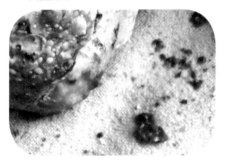

- 墨西哥辣椒酸麵團 -

自家培養的老麵酵母 x 風味強烈的墨西哥辣椒，辣
中帶有微量乳酸，佐餐能創造多種變化，適合愛吃
特殊口味的朋友。$120

綜合口感 >>

- 核桃葡萄乾三麥酸麵團 -

以自家培養酸麵團製成，組織細緻，氣孔大小不均，
添加核桃與葡萄乾，風味經典且帶微甜，清淡酸甜、
堅果營養，是許多女生的愛。$150

美味的秘訣 >>

★ 每個麵包皆以不同種類酸麵團或酵母
製成，風味獨特耐人尋味。

★ 麵包佐餐變化性高，可配鹹、配甜，
融合入中西式料理皆適宜。

★ 麵包皆新鮮製作，復烤後口感似剛出
爐，品質穩定值得信賴。

為愛吃而誕生的
「パン」（麵包）工作室

迷你而擁擠的小麵包店，正是人與食物、愛與情感，
流動時最美的畫面。

「爆料」創造銷售佳績，
世界麵包優勝隱身木柵郊區──

山崴烘焙

藏身在木柵郊區的迷你麵包店「山崴烘焙」，每到下午營業時間開門，便吸引許多在地客，絡繹不絕地擠進小小的店內，大量搜刮架上麵包，不到兩小時，店內的招牌吐司便完售，錯過只得等明日。如此熱銷的麵包店，由一對小情侶（現已成為夫妻）阿崴與小嵐所開設，創業的起源，來自一份對麵包的執著與熱愛。

Basic Data

店面：台北市文山區和平東路四段 389 號
網址：https://www.facebook.com/breadmill
營業時段：平日 15:00 - 22:00 週末 08:00 - 22:00 ／週一 休
客服電話：02-2230-582
店鋪坪數：約 28 坪

高中畢業即從麵包學徒做起的阿崴，靠著對麵包的熱愛與講究細節的堅持，短短數年間便從學徒升到主廚一職，有了能獨當一面的烘焙能力。受雇時期，與同為烘焙人的同事小嵐相戀，因有著共同愛做麵包的興趣，聊起未來，兩人的腦海中浮出同樣的畫面——「想在開一間很好吃的獨特麵包店！」

偶然的機會下，透過原物料廠商的介紹，兩人初識在 2012 年尚未普遍的歐式麵包，麵包自然的麥香與口感打動了兩人，同時，尋覓店面時，又遇上地點、空間，一拍即合的理想店面，便踏上創業之路，開一間主打「歐式與日式麵包共存」的美味麵包店。

半路出家的歐式麵包師傅
靠「爆料」緩慢養客

為了與鬧區主流的傳統麵包店做出區隔，店址特別選在木柵郊區，以為用獨特的歐式麵包與日式麵包結合，能讓在地客眼睛為之一亮，藉此打開知名度。沒想到，渡過開店第一個月的甜蜜期後，營業額掉到原先的二十分之一，銷量一日不如一日，兩人這才發現，上門顧客以 35 到 50 歲的客群居多，歐式麵包相對單調，顧客無法一下子就接受，也反省自己可能對歐式麵包還不夠了解，還有照顧不夠到位的地方。靠著不斷詢問顧客意見，提高日式麵包種類，讓喜愛吃日式麵包的中高年齡層顧客，有更多上門的理由。

測試期間，阿崴主廚發現，「山崴烘焙」

01

的顧客除了較喜愛日式麵包的彈性口感外，對於「有包餡」的麵包，更是有明顯的需求。為加強顧客對「山崴烘焙」麵包的味蕾記憶，阿崴主廚將包餡麵包的餡料比例，大膽增加至幾乎與麵團量一比一，幾乎是一般麵包店的 2 至 3 倍，搭配大量進口發酵奶油製成彈性日式麵包，靠著「爆料」級的超實在餡料，緩慢地做出麵包店的口碑。

同時，因兩人打從心裡喜歡麵包，創業後仍不斷進修、參加麵包比賽，終於在創業第二年，阿崴主廚奪下 2016「世界盃麵包大賽」台灣區總決賽優選，透過多家媒體報導介紹後，總算打開「山崴烘焙」的知名度，結束了業績慘澹的黑暗時期。

有好多好多麵包、
家人與愛的溫暖小木屋

　　回顧創業六年的時光，阿崴主廚與小嵐店長分享，如果不是「愛」與「家人」，很難走到今天這一刻。店內裝潢的木工、水電等硬體設備，都是爸爸、叔叔幫忙的，開業第一年人手不足，也是靠著母親、妹妹，欠薪情義相挺而渡過的，當然，店內的夥伴，也是透過不斷溝通、傾聽，才逐漸培養出好默契的。

　　當年，店裡又小又空，顧客上門總會嫌：「你們的麵包選擇好少喔！」，收支稍微平穩後，兩人便把店內改裝成有中島，麵包量為開店之初接近兩倍的豐富量。「雖然，顧客現在會說，你們的店裡好擠喔！」，但從掛在顧客臉上的笑容，與數小時完銷的麵包空盤，阿崴與小嵐明白，這樣迷你而擁擠的空間，正是人與食物、愛與情感，流動時最美的畫面。

01. 阿崴師傅與店長小嵐默契配合，讓山崴烘焙逐漸路上軌道，廣受顧客歡迎。 02. 用實力說話，阿崴師傅參加各項烘焙比賽，成績優異。 03. 小小一家店像一座寶山，琳瑯滿目的麵包占滿整個店鋪。

─────　Store Design　─────

屬於木柵人的驕傲之作 ▌

　　自小在木柵長大的主廚阿崴，對於木柵有著深刻的情感，小嵐則是深坑人，兩人都有共識，店址要選在熟悉的木柵郊區，一來能回饋成長的故鄉，二來非鬧區的地點，租金也相對能負擔。

　　經觀察後，店址選定周遭附近無麵包店的區域，找到可做大片落地玻璃設計、雙店面可打通的空間，實現兩人心中陽光灑落，從店外能看見滿滿麵包的幸福店面。開店後，發現在地客群無買麵包當早餐的習慣，因而多次調整營業時間，最後發現，下午至傍晚開業，最能平衡人力成本與顧客需求。

01. 店舖外利用植栽隔出一小塊座位區。 02. 位置在木柵郊區的馬路旁，附近為眷村住宅區。 03. 利用高低差陳列，讓每款麵包都能顯眼亮相。

移居城市的自然空間

因店坪不大，且開店初期人手不多，阿崴與小嵐光做麵包與外場服務，就已經分身乏術。比起舒適的座位區，「山崴」更想提供優質的美味麵包給顧客，因此店內著重外帶，盡可能將能利用的外場空間，拿來陳列剛出爐的新鮮麵包。

利用暖色系的紅磚、木板營造小店的溫暖感，並將主打品集中陳列於中島區，加強新品的曝光度，同時，甜麵包、歐式麵包、葷食麵包分區擺放，不讓香氣相互影響，維持每款麵包的純粹與原味，再以有層次感的陳列小技巧，將麵包或立、或躺，高高低低交錯陳列，營造麵包滿滿、豐富且足量的效果，讓顧客上門前就充滿期待，思考著是否該多買點再離開。

—— **Visual Design** ——

傳達心意與故事 ▎

　　店名「山嵗」的由來，截取於主廚阿嵗、店長小嵐的名字內的「山」字，代表兩人用心製作的手工麵包。創業之初，店名原為「パン山坊」，後期發現沒有記憶點，難以被人口耳相傳，便將姓名入店名，強化店內主廚與麵包店之間的連結。再者，為配合木屋風格，名片以森林系綠色為底色，LOGO 的線條紋路，代表著「山嵗」明星商品──蜂蜜吐司的剖面模樣，當顧客問起，更有聊天互動的有趣話題。

　　身為無行銷預算的小店，「山嵗」擅以臉書作為低成本行銷管道，觀察到「故事性」走向文章特別受網友喜愛，臉書發文常以製程辛酸、創業點滴、顧客互動等類型文章，逐一擄獲網友的心，用真誠謙虛的姿態，在網路世界中，站穩一席之地。

01. 店名「山嵗」中隱含著主廚阿嵗和店長小嵐的名字。 02. LOGO 的線條紋路，代表著「山嵗」明星商品──蜂蜜吐司的剖面。

Créée par Christian VABRET en 1992, la Coupe du Monde de la Boulangerie est devenue au fil du temps un événement majeur et incontournable pour la profession suivi partout dans le monde. Cette compétition internationale de très haut niveau a lieu tous les quatre ans dans le cadre du salon international Europain à Paris.

Elle réunit 12 équipes internationales composées de trois candidats qui s'affrontent autour de quatre spécialités : Pain, viennoiserie, présentation salée et pièce artistique selon un programme et des critères bien définis. Sous les yeux d'un jury prestigieux, reconnu par les professionnels du métier, les équipes en lice dévoileront la richesse de leur savoir-faire, leur habileté, leur créativité... révélant les plus belles œuvres d'art de la boulangerie. Ces épreuves ont été conçues pour pousser les candidats à se dépasser. Leur défi : séduire et surprendre les membres du jury.

Ce concours prestigieux attire les professionnels du monde entier à venir se mesurer les uns aux autres. Plus qu'un simple titre, l'équipe proclamée « championne du monde » gagne la reconnaissance de ses pairs, mais aussi celle de son pays dont elle porte fièrement les couleurs.

03

世界盃麵包大賽 ▌

　　用實力來說話，參加世界盃麵包大賽絕對是個最有利的選擇。台灣最具代表性的例子就是世界麵包大師吳寶春，在 2010 年以荔枝玫瑰麵包拿下歐法麵包類的大師賽冠軍。那世界盃麵包大賽是怎麼來的？該如何參加呢？

　　世界盃麵包大賽全名為路易樂斯福世界盃麵包大賽（Coupe du Monde de la Boulangerie），1992 年由法國烘焙大師克里斯提恩·瓦勃烈（Christian Vabret）發起，之後由路易樂斯福酵母公司承辦。與德國的 Iba、法國的 Mondial du pain 並稱世界麵包三大賽。參加世界盃麵包大賽從區域選拔到最後的決賽大約要耗時近兩年，才能一路破關斬將與世界頂尖高手一決勝負。國家代表隊有三名選手加上一名教練，選手必須團結有默契，在八小時的比賽時間內做出兩百多個指定種類的麵包。

　　台灣雖小，但近十年在世界麵包盃的賽事上卻頻頻展露頭角，取得優異的成績。用實力來說話，證明了台灣的麵包具有絕對競爭力。

03. 世界盃麵包大賽官方網站首頁。

—— **Kitchen Design** ——

耗資百萬的麵包誕生地　▌

已有烘焙經驗超過十年的主廚阿崴，了解烤箱對於麵包成果的影響力，縱使在開店預算有限的情況下，依舊堅持投資最頂級的設備，讓自家麵包口感有所不同。其中，比起一般麵包店貴上雙倍、甚至三倍的德國品牌烤箱，因烘焙速度快、產能高、保濕性強等特性，為小店節省相當多的時間且創造理想口感，是主廚阿崴認為，一間好的麵包店，最值得的投資。

為創造「山崴」商品獨特性，開店之初，特別從日本購入，台灣幾乎無人擁有的昂貴黃金麵包模，拿來烘焙黃金麵包潘多洛，創造出華麗的視覺造型，再配合自家獨門配方，烤出如戚風蛋糕的輕柔口感，引起話題性與賣點。

因廚房狹長且偏小，烤箱、發酵箱、工作桌、攪拌器等大型機具入定後，能用的空間變得更少，為此，「山崴」利用增加牆面層架、天花板層架等頂部收納架，用以收納更多小型模具。

01. 特殊的八角模具，可以製作黃金麵包潘多洛。02. 麵包皆使用天然酵母，過程中不添加香精。03. 04. 模具依照種類分層放在好拿取的工作檯上層架。05. 廚房空間雖小，但幾乎所有烘焙器材都囊括了。

◆ 營業開銷

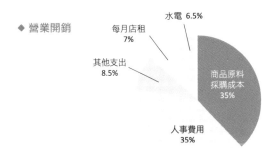

每月店租
7%

水電 6.5%

其他支出
8.5%

商品原料
採購成本
35%

人事費用
35%

06. 使用價位較高的德國品牌烤箱,有
烘焙速度快、產能高、保濕性強等特
性。 07. 將麵團送進發酵箱,長時間低
溫發酵。 08. 外皮有脆皮口感的麵包使
用炫風式烤箱製作。

—— **Product Design** ——

人氣 > *Top 1*

- 藍莓乳酪 -

選用加拿大特高筋麵粉，搭配濃郁乳酪
與酸甜藍莓，是甜麵包解饞的最愛。$48

人氣 > *Top 2*

- 北海道重乳酪沙布蕾 -

100% 選用北海道乳酪，搭配自製塔皮，
乳酪香醇不死甜，蛋奶素也可品嚐。$45

人氣 > *Top 3*

- 花生粒粒維也納 -

自己調製的花生顆粒餡，吃的到濃郁花
生醬及顆粒感。$53

包如其名的有料麵包 ▮

「山崴」麵包最大的特色在於，叫什麼名字，就能吃到什麼味道。像是黑芝麻、蜂蜜、乳酪等國人愛吃的餡料，「山崴」皆為自製且用量大方，為市售麵包店用量的三至四倍，同時，為配合增餡的定位，選擇以奶油香氣濃、占比高日式布里歐麵團作為搭配，並降低甜度，吸引不少專為有料麵包而來的顧客。

除日式麵包外，「山崴」也於店內推出比賽得獎作品，像是 2014 得獎法混、2018 最新

―――― Product Design ――――

家庭號商品 >>

- 招牌蜂蜜吐司 -

選用高雄大崗山純龍眼蜜，麵團以龍眼
蜜完全取代砂糖，無糖少油加上低溫熟
成，口感 Q 綿甚潤。$150

「爆料」人氣商品 >>

- 芝麻牛奶 -

2012 年開店即有的人氣商品，黑芝麻
為製作前一天現磨，香氣純粹且濃郁真
實，搭配克林姆內餡，雙餡是人氣霸點。
$45

家庭號商品 >>

- 黑芝麻吐司 -

以 100% 純黑芝麻醬搭配現磨黑芝麻，
並選用海藻糖降低甜度，柔軟吐司配上
濃郁芝麻，是開店數小時內最快賣完的
商品。$150

傳統法式麵包 >>

-2018 傳統長棍 -

選用石臼小麥、T65 小麥、特高筋費心
製作，2018 年的最新創作，口感越嚼越
香。$90

法混，讓喜愛麵包的朋友，能在小小的店內嚐
到得獎的滋味，花少少的錢，感受麵粉的千變
萬化。店內依照季節、顧客喜好、主廚創意等
因素，不定期更換商品種類，不斷為顧客帶來
新鮮感。

美味的秘訣 >>

★ 餡料皆為店家自製，每日少量
調製，維持麵包新鮮度。

★ 店內麵包為當日現做，數量有
限不賣隔夜，引發搶購動力。

★ 擅長以國人愛吃的日式麵包為
基底，麵包體的濃郁奶油香與
彈性口感擄獲顧客的心。

將「尊重」置頂的經營之道

以更溫柔的姿態，用柔軟的美味麵包，輕訴著友善環境的大愛理念。

主攻市場缺口，
友善環境的純素麵包店——

嬉皮麵包

彎進鬧中取靜的台北市四平街裡，有一間簡約黑白，滿是
笑聲的麵包店——「嬉皮麵包」。除了價格合理、店內充
滿正面能量外，隱藏在「嬉皮麵包」裡的感人秘密，便是
以友善環境為宗旨的「純素烘焙」心念——不殺生、不傷
害動物，一樣能做出美味的滿足麵包；而一切的起心動念，
來自於一段價值觀相符的同事情誼。

Basic Data

店面：台北市中山區四平街 7 號
網址：https://www.vegehip.com/
營業時段：平日 11:00 - 20:00 ／週日 休
客服電話：02-2567-9969
店鋪坪數：一樓 24 坪／二樓 17 坪

—— Creation Story ——

曾任職同間外商公司的 Erica 與 Phoebus，老本行是行銷公關與業務，共事期間，因為價值觀相近、聊得來，常在私下聚餐交流，長時間的互動過程中，兩人的飲食觀念逐漸相互影響，開始對生命有更多的關懷與省思，逐步成為純素飲食者。在兩人皆想轉換職涯的機緣下，合作起於網路販售「純素 Vegan 商品」的網購小生意，同時，為了滿足更多純素飲食者的需求，開始租借空間，尋找烘焙師傅，定期舉辦純素烘焙教學課程。

意想不到的藍海缺口
滿足純素者的口腹之慾　▎

就在兩人邊工作、邊經營網路行銷與烘焙教學課程近兩年的時間後，純素業者主動找上門，想與兩人合作開一間純素餐廳。幾經思考後，仍舊熱愛烘焙的兩人，決定捨棄與餐廳合作，還是想以市面少見，且自己擅長的「純素烘焙」為原點，開一間「能平衡生活、友善環境的純素麵包店」。於是，拿出多年存款並與銀行貸款，找到位於鬧區巷弄內的兩層樓空間，以一樓販售純素烘焙、二樓做為教學空間的規劃，開始實現創業之夢。

開店初期，因烘焙教學課程的學員能導入店內，帶來部分穩定客源。同時，純素麵包在市場的供應者不多，競爭相對少的情況下，靠著純素者的口碑介紹；以及對於隨機來訪的顧客，不刻意主打「純素」麵包的無差別行銷策略，一步一腳印，逐漸養出鄰近的在地熟客與網路老顧客。

門外漢的異想天開　卡關的經典麵包　▎

穩定的客源雖非「嬉皮麵包」的創業習題，研發卻成了一大難題。非科班出生的兩人，與烘焙師傅溝通時，常天馬行空、難以用專業烘焙思維思考製作上的可能性，但也正因如此，能破格提出市售缺乏的純素麵包，像是

難以使用植物油製成的「可頌、丹麥類」麵包、「貢丸麵包」等創意麵包，就是靠著不斷嘗試失敗、信任專業卻也大膽假設，多次激盪衝撞出的奇蹟麵包。「菠蘿麵包、可頌麵包等市售非純素的常見麵包，卻是純素者心中，最渴望卻未能盡意嘗試的夢幻之味。」Erica 與 Phoebus 分享。

因為同為純素飲食者，研發麵包口味時，不會以供應者的角度思考，而是以「我是純素者，我好想吃什麼卻吃不到的心念出發」，才不會曲高和寡，與需求對立而行。此外，直接

上架試賣也是市場測試方式，銷售數字是最真實的回饋，而非僅是自家人覺得好吃就行。

回歸生活平衡
將「尊重」置頂的經營之道

身為服務業，難免會遇到不禮貌的客人，Erica 與 Phoebus 分享，「尊重」是「嬉皮麵包」最在意的事，如同友善環境、友愛動物一樣的道理，雖以客為尊，但保持不卑不亢的態度，若遇

—— **Visual Design** ——

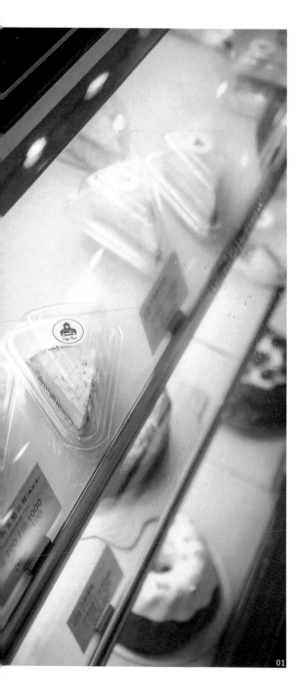

01. 蛋糕甜點放在冷藏蛋糕櫃中，每日限量供應。　02. 門口放置小黑板可以不定時宣傳優惠訊息。

不合理之事，會鼓勵夥伴為自己發聲，而非一昧吞忍謙虛。相互尊重的態度也展現在「嬉皮麵包」服務顧客、尋找店內夥伴的方式上。

　　店內歡迎各式飲食者上門，不批判、不定論，也不刻意推廣純素生活的好處，而是以更溫柔的姿態，用柔軟的美味麵包，輕訴著友善環境的大愛理念。共事的夥伴也無須非純素飲食者，只要願意了解、心繫此念，更多的可能與故事，皆有開展的未知。

01

商標傳達素食理念 ▌

　　「嬉皮」一詞，有著「改變、和平」的意涵，與純素的理念不謀而合，俏皮感也能在耳語相傳之間，為品牌帶來深刻記憶點。LOGO設計上，選擇同樣代表「和平」且亦為素食者的大猩猩做為品牌圖像，利用視覺、文字定義出品牌個性，營造更全面而完整的品牌形象。

　　同時，為讓友善更貼近生活，店外擺放有需要即可拿取麵包的「愛心抽屜」，由店家與顧客依照能力捐贈，任何有需要的人，無須知會即可自行取用。讓善念藉由行動傳遞，吸引更多理念相同的人認識「嬉皮麵包」。

03

01. 簡約的名片設計。02. 咖啡杯的杯套因為需求量不高，所以用印章 DIY 印刷 LOGO 圖像。03. 愛心抽屜提供麵包給需要的人，不需告知可直接拿取。

—— Store Design ——

實現生活的理想模樣

　　考量到店租預算與生活步調，Erica 與 Phoebus 選擇在鬧區的巷弄中落腳，一來能提供在地上班族平日的點心選擇，二來生活節奏不至於過快，打亂兩人理想的生活模樣。「開店是實現理想生活的一部分，若是汲汲營營追求業績，失去的東西往往很難找回。」兩位店主分享。因此，選擇鬧中取靜的四平街巷弄，而非喧嘩熱鬧的捷運站口，以長遠穩定的理念

出發，不打速度戰略，穩紮穩打地建立起品牌形象。同時，兩層樓的格局空間，能持續經營烘焙教學課程，保留「嬉皮麵包」已存在的老客人，能在創業初期守住既有收入，營運上更為安心，不易做出錯誤決策。

01. 二樓空間將規劃持續經營烘焙教學課程。02. 騎樓空間提供簡單的用餐空間，佈置成溫馨的一角。03. 用木招牌木地板打造出自然家居的親切感，吸引臨近社區的居民隨意來逛逛。

簡潔時髦的魅力小店 ▌

　　骨子裡販售純素烘焙的「嬉皮麵包」，店鋪風格卻走簡約時髦路線，店主分享，比起刻意強調「純素」的概念，選擇以綠色為主色，反而容易給人既定印象，失去緩慢溝通、深刻被理解的機會。因此，以簡單時髦的黑白為基底，一進門即是能一目了然、層層展示的暖色系麵包，以乾淨、舒服、寬敞的空間設計，讓顧客入店後能細細選擇，將「純素」低調收進心底，僅以小標示、小物妝點空間，若有顧客詢問，再被動式說明。經營一年多來，許多熟客仍不知店內麵包為純素麵包，證明美味才是烘焙業的根本。

04. 室內座位區規劃出一小塊地方，專門販售嬉皮純素選物與環保生活用具。05. ㄇ字形的麵包層架，豐富展示商品，動線清楚，也方便顧客拿取。06. 一進店門，就正對廚房的大窗戶，看到麵包新鮮製作的過程。

—— Kitchen Design ——

新手入行的寶貴經驗

　　「嬉皮麵包」是 Erica 與 Phoebus 兩人的首間實體店面，尋找店面時，因缺乏經驗，選擇了業別原為美容美髮業的空間，承租後花了大筆金錢，重新牽水電、拉營業烘焙用大電，不但勞心傷財，更拖延開幕期，讓店租無謂空燒，影響創業心情。兩人建議，若有意想經營烘焙業，最好選擇原店面已是相關業別，能大幅減少不必要的支出與繁冗事務。

　　在廚房固定成本的選擇上，烤箱、發酵、攪拌、冰箱、工作桌是影響成品的最重要的機器設備，盡可能選擇新品，其餘次要設備例如廚物櫃、水槽等，可依資金與需求評估考量二手商品，此外，發酵箱最好選擇可整車推進，非一盤一盤由人力手工推送的型號，在實際操作上，很耗時間與人力成本，建議在添購設備時考慮進去。

　　廚房與店鋪的用餐區，用有一扇大窗的牆相隔，顧客可以看見師傅正在製作麵包，給顧客安心、實在的幸福手作感。

01. 新鮮出爐的成品會放在靠近廚房門口的層架上，讓麵包稍微放涼一下。02. 03. 完全使用天然食材如紅麴、抹茶，不添加任何色素。04. 土司在模具中要預留「澎」起來的空間，但如果「澎」太多也不行，有時還要噴水降溫調節一下。05. 目前發酵箱的層隔數多，拿取較吃力（尤其較高的層架），之後考慮換購可以整車推進去的發酵箱。

06

06. 顧客可以透過窗戶看見師傅正在製作麵包。07. 廚房入口的牆面釘定掛勾，方便吊掛圍裙等衣著。

[Tips]

紮實、新鮮、變化多端的內餡：

純素麵包在麵包領域中，尚是等待積極開發的領域，所以就有了更多創作的想像空間。純素的松露巧克力？純素的奶油酥餅？番茄加泡菜的起司麵包？小小一家店商品品項卻包羅萬象，多元變化的能力讓人印象深刻，但更人驚奇的是滿滿的新鮮餡料。大部分的餡料若條件許可就自己製作，從外面進的食材如果放冰箱超過兩天還「不壞」，那可能就是添加了不良的化學劑。使用安心的食材讓每一口美味都天然無負擔。

◆ **營業開銷**

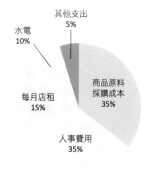

其他支出
5%

水電
10%

每月店租
15%

商品原料
採購成本
35%

人事費用
35%

—— **Product Design** ——

人氣 > *Top 1*

- 華爾滋肉桂捲 -

嬉皮麵包的招牌商品，獨家肉桂糖搭配
黑糖的完美比例配方，底部酥脆口感特
殊，是店家推薦的自信之作。$40

人氣 > *Top 2*

- 抹茶蛋糕麵包 -

將蛋糕包在麵包中，既可以吃到麵包，
又同時享受到蛋糕的甜蜜幸福滋味，店
內供應檸檬、巧克力、抹茶三種口味。
$75

人氣 > *Top 3*

- 奧地利沙赫蛋糕 -

濃郁巧克力糕體，搭配微甜杏桃果醬，
使用法國頂級法芙娜巧克力作為淋面，
濃而不膩可可香氣飽和。$850/ 6 吋、
$1200/ 8 吋

純素但不樸素的多元口味

為提供更友善的烘焙理念，店內麵包、蛋糕皆不用雞蛋、牛奶、動物油與蜂蜜，僅以純植物油製作，麵包品項結合歐式、日式、台式等多元口感，滿足純素者各種對於麵包的想望與期待。因「嬉皮麵包」有熟悉而信任的素食原物料供應來源，口味規劃上，多了許多包餡口味的台式純素麵包，像是玉米火腿麵包、菠蘿麵包等，看似平淡無奇的傳統麵包，正是開店一年的經營經驗中，觀察到顧客最想吃的經典滋味。

特殊食材 >>

- 起酥玉米濃湯麵包 -

嚴選澎湖綠藻薄製作麵團，帶有淡淡海藻香氣，酥皮搭配自製濃稠白醬蘑菇濃湯內餡，有如麵包版的酥皮玉米濃湯。$60

特殊食材 >>

- 玫瑰烏龍司康 -

嬉皮麵包的人氣甜點，以冷泡烏龍茶搭配清香的玫瑰花瓣，吃得到片片花瓣，最適合佐配茶飲享受。$45

節慶商品 >>

- 花心國王派 -

酥脆的千層派皮，搭配自製甜而不膩的杏仁奶油內餡製成的法國傳統甜點，國王派，是節慶、聚會不可缺少的祝慶甜點。$65

獨家特色 >>

- 各式植物奶 -

皆由店內新鮮自製的植物奶天然製作，口感滑順且濃醇健康，除了避免蛋奶過敏源外，且較為健康無負擔。$60-100

除麵包外，店內也供應各式無動物奶類的飲品，包含多種植物性奶茶、拿鐵、堅果飲品。提供想喝奶茶、拿鐵的純素食者，兼具美味卻更友善環境的體貼選擇。

美味的秘訣 >>

★ 以純植物油製作，是市售少見的純素成分。

★ 口味貼近在地需求，符合台灣人對素食麵包的渴望。

★ 品項種類選擇多，囊括台式、日式、歐式麵包，滿足喜好各種口感的顧客。

視覺先行的色彩甜點學

Yellow Lemon 特別重視色彩上的呈現與組合，做出與其他甜點店的差異化。像是大膽採用紅、黃、粉、藍，並以獨特的外型提供能讓顧客第一眼就驚呼的高記憶點造型。

搶占午茶市場，
來自義大利的盤飾甜點——

Yellow Lemon Dessert Bar 黃檸檬

在 IG 擁有破 34 萬粉絲，網路搜尋破萬筆資料的 Yellow Lemon，是台北高端甜點戰區中，最不按牌理出牌的趣味甜點店。2014 年 8 月開幕，從在地大直商圈做起，四年累積了無數好評口碑，更是隋棠、侯佩岑等各界名流藝人，私下聚餐最愛的美味甜點店，而一切魔力的開端，來自於 Yellow Lemon 義大利籍主廚 Andrea Bonaffini。

Basic Data

店面：台北市中山區明水路 561 號
網址：https://www.facebook.com/Yellow-Lemon-614836478635160/
營業時段：平日 11:00 - 20:00 ／ 週末 09:00 - 20:00
客服電話：02-2533-3567
店鋪坪數：65 坪

—— **Creation Story** ——

來自義大利西西里的主廚 Andrea Bonaffini，畢業後任職於義大利米其林餐廳 Flipot 及 Sadler，也曾至香港擔任 W hotel 甜點主廚。就任多家高級餐廳的經驗中，Andrea Bonaffini 發現，無論做到多高的位階，心中想要創作的甜點，依舊會受限於餐廳形象、營運考量等多方面向，無法實現心底的甜點藍圖，在幾經考慮與評估後，決心離開舒適圈創業，做出僅有自己才能做的義大利創意甜點。

童心未泯的甜點夢
友善熱情的台灣市場 ▍

某次，在朋友的邀約下，Andrea Bonaffini 來到台灣旅遊，體驗到台灣人的熱情與友善，留下良好的印象。返國進行創業評估時，再次發現義大利當地多半依舊喜歡傳統甜點，對創意甜點相當排斥，因此，轉向評估對甜點市場相對開放的亞洲地區，最後，在香港、東京、台灣三地間拉扯考慮，回憶起來台旅行的點滴，認知到台灣幾乎沒有盤飾類創作甜點，加上台灣人對外國人也較熱情親切，讓 Andrea Bonaffini 決定離開家鄉，到遙遠的台灣開店。

重視家人的義大利民族
想家而誕生的野餐甜點 ▍

店名 Yellow Lemon，取自於簡單好記、年輕活力、又有外來種的隱喻，象徵義大利人在台灣開店的意趣。開店初期，由於 Andrea Bonaffini 擅長與客人互動，且創作甜點外型

01

吸睛有話題，一下子吸引許多網友上門主動拍照寫文，替 Yellow Lemon 做了超高曝光量的免費行銷。此外，特殊的主廚創作甜點秀，過程為顧客帶來極大的視覺滿足，讓 Yellow Lemon 一傳十十傳百，嘗鮮客蜂擁而上。

隨著甜蜜期過後，店內主打的主廚上菜秀，逐漸有了反面的意見：「怎麼都是冰的？」、「只有甜的嗎？」、「吃起來都很雷同耶！」，Andrea Bonaffini 才發現，義大利甜點口味偏甜、味道較單一，對於習慣多樣性選擇、甜鹹兼具的台灣人來說，稍嫌單調而無新意，於是 Andrea Bonaffini 重新思考如何調整產品定位。

重視家人的 Andrea Bonaffini，在某次打給媽媽聊心事的過程中，隨口說到：「台灣好

熱喔！好想念義大利的野餐，台灣都不能野餐。」與媽媽的對話突然為 Andrea Bonaffini 帶來靈感，創作出以室內野餐為概念，每個甜點尺寸僅有一口大小，甜鹹皆有的野餐組合。變換菜單後，吸引了更多的顧客上門消費，原有的客層也從 20 出頭，逐漸擴增 30、40 等其他客層，後續，也因應顧客反應，逐步增加鹹食選項，讓客層年齡越增越廣，不同時段與甜點淡旺季輪替時，能有更穩定的經營狀態。

文化差異的緩慢磨合
可愛又嘴甜的台灣食客

創業四年以來，Andrea Bonaffini 最苦惱的部分，在於與內場夥伴間的溝通。因文化差異，義大利人較為情緒化，要是抓不準做事的默契，很容易就直接指責，但通常對事不對人，上一秒指責細節，下一秒就能繼續談笑。但台灣人習慣做事留三分面子，當面認錯讓員工內心受挫，還在難過時又不理解為何主廚心

情又變好了。Andrea Bonaffini 分享，畢竟是民族性的差異，非一時半刻彼此能快速調整，因此，夥伴至少得共事超過半年，才能磨合理解，培養出一定的默契。

「但台灣人很熱情，常常吃完甜點，會來廚房告訴我，你的甜點好好吃喔！」Andrea Bonaffini 笑著說。四年過去，台灣就像 Andrea Bonaffini 的第二個故鄉，也期待能在此遇見支持他的台灣另一半，讓他能一輩子在台灣留下如甜點般的美麗回憶。

01. 義大利主廚 Andrea Bonaffini。 02. 舊振檬主打鹹餡甜點，但也因應台灣市場而推出方便外帶與送禮的蛋糕櫃甜點。 03. 以室內野餐為概念的桌上甜點組合「Pic-Nic」。

―――― **Store Design** ――――

01

政商名流聚集的合適商圈

　　Yellow Lemon 最大的賣點在於米其林餐廳出身的主廚 Andrea Bonaffini，為強化品牌形象，選擇落腳於高檔餐廳林立的大直區，一來能吸引鄰近的高消費力顧客群，同時與其他高端品牌，達成更強的集客力，售價也能維持一定的水準，不需靠著削價競爭，壓縮甜點品牌的價值。

　　整體規劃上，因主廚相當重視產品面，店鋪約有一半的空間做為廚房使用，平日維持 5 人在內場工作，假日含主廚則增加至 9 人，以高人力來服務在意細節的高收入顧客，為品牌做出口碑，人力充足時，主廚有時間能走到外場照顧每位客人，提供賓至如歸，同時又親如好友般的自在用餐享受。

02

01. 照片左側為開放式廚房，右側為甜點櫃和結帳櫃檯。
02. 以現場製作的盤飾甜點為市場競爭主力。

情感交流的快樂廚房 ▌

對主廚來說，廚房除了嚴格遵守衛生、製作工序的嚴謹以外，工作時的心情也是極度重要的。「好心情才會做出好吃的甜點，這是不變的道理！」Andrea Bonaffini 說。因此，Yellow Lemon 採開放式廚房設計，內外場可即時互通，發現顧客的反應與需求，無須間接傳達，能感受最真實的反應與回饋。「人是情感動物，顧客稱讚甜點好吃，製作的人會非常開心，更有動力做出好的甜點。」Andrea Bonaffini 笑談。

廚房的空間規劃上，購入三台攪拌機，因應不同時節的大單需求，忙碌時三台共用，將等待操作機器的時間降至最低，三台同時運作，才能將閒置時間降低，達到最高產值。此外，甜點店大量使用奶油，烤模清洗需耗費時間，因此購入洗碗機、聘請洗碗阿姨協助，適時外包工作，讓夥伴專注在製作甜點，品質才不會因外務過多而有所差池。

03. 廚房開放式的空間，讓溝通更清楚融洽。04. 顧客可以直接看到餐點的製作，也能直接反應餐點的問題，或向主廚表達感謝之意。

03

04

—— **Store Interior** ——

> 01

大人的甜點玩具店 ▎

為讓顧客一眼就辨識出 Yellow Lemon 的獨特性，店鋪外觀以大面落地窗搭配沉穩的淺灰色系，襯托出品牌 Yellow Lemon 的鮮明亮麗。走入店內，大空間的迎賓甜點櫃，讓顧客可盡情駐足選購，並以高連至天花板的的展示層架，提升視覺的開闊豪華感，同時，一併將訂製禮盒、客製蛋糕陳列於層架之上，提點出其他的甜點業務。

> 02

L 型甜點櫃規劃占比大，從正面一路延伸至側邊，讓顧客進門能開啟童趣之心，不需趕時間、也不會一下子逛完就沒有選擇，從進門的那一刻就像是踏進甜點玩具店，得以挑選，更適合拍照分享，是展示也是店內宣傳背景。

01. 高連至天花板的的展示層架，提升視覺的開闊豪華感。
02. 大面落地窗從外就可以看到內部的空間佈置。 03. 主廚的液態氮開場秀。

照片至上的網路哲學 ▍

　　講究原創、口味的主廚 Andrea Bonaffini
分享，在這個年代，廚師已不能只是廚師，而
是得學會行銷自我。因此，從開店初期即不斷
拍照記錄自家甜點，放上 FB 分享美照與創作
理念，IG 出現後，更善用即時動態，隨時隨地，
即刻分享甜點現況，一有時間就與網友互動，
並於新品上市前，認真至少花 2~3 小時，為新
品拍攝一張好照片。長達四年的拍照練習與即
時互動，為 Andrea Bonaffini 累積約 34 萬追
蹤人次，成功風靡網路世界。

　　另外，甜點造型適合拍照上傳，也成為行
銷一大亮點，吸引許多喜愛拍照打卡的年輕網
路客層。許多國外遊客就是被網路 IG 的照片
吸引前來，由此將品牌推向更國際化、而非鎖
定在大直地區的精緻甜點店。

◆ 營業開銷

其他支出 5%

水電
5%

每月店租
12%

商品原料
採購成本
32%

人事費用
35%

[Note]

甜點序幕——液態氮開場秀

獨創的桌上甜點 Pic-Nic，不僅每個甜點都亮
眼吸睛，主廚還會為每一桌佈置開場秀，液
態氮傾瀉而下讓午茶野餐桌如夢似幻。

—— **Product Design** ——

人氣 > *Top 1*

-Pic-Nic-

店家獨創的主廚桌上甜點，因應顧客需求而調整的
多樣小口甜點，有甜有鹹，能滿足更廣的年齡層所
需，依人數調整上菜份量，也因能近距離與顧客互
動，累積更深層的情感交流，為店家培養熟客。
$600

人氣 > *Top 2*

-Robot heart-

最能代表主廚初心的機器人巧克力，以用 Valrhona
Guanaja 70% 苦甜巧克力手工製作而成，特殊的外
型能引起討論話題，連不愛甜點的男生都能有共
鳴，照顧到想送禮給男生又擔心甜點造型太女性化
的消費者。$330

人氣 > *Top 3*

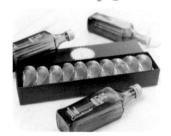

-Kavalan Wisky Lemon Candy-

為照顧國外旅客，提供方便帶出國的商品，與台
灣噶瑪蘭威士忌結合製作出的威士忌軟糖，帶有
大人味的酒香，又具有台灣特色，深受港澳旅客
的喜愛。$600（10 個 / 盒）

盤飾甜點融入午茶潮流

不同於一般消費者比較熟悉的在甜點店裡
出現的甜點，盤飾甜點是正餐之後的最後一道
菜式，通常出現在高級餐廳與旅館、飯店的料
理中。Yellow Lemon 不僅將甜點盤飾引入甜
點店，還創造了新的甜點形式 Pic-Nic。一般盤
飾甜點是在盤子上呈現一道甜點的樣式，盤子
就像是畫布，讓主廚盡情揮灑創意。Pic-Nic 則
是以餐桌為畫布，為顧客帶來一場完整的甜點
饗宴。整套桌上甜點裡，有甜有鹹口味多變，
主打不同層次的口感驚喜。

專屬客製化服務 >>

-Rose Strawberry Birthday Cake-

因客群不乏政商名流，常有歡慶生日需求，特別設計外型華美優雅的生日蛋糕，能在大場合中不失面子。玫瑰草莓渲染蛋糕以細緻的玫瑰外型為主題，以檸檬、巧克力磅蛋糕搭配綜合莓果夾心，佐配馬卡龍與鮮花，設計為 25 公分高，視覺更氣派能聚焦。$5500

適合外帶與送禮 >>

-Dessert of show case -

除最暢銷、每桌服務的主廚野餐甜點外，置於甜點櫃內的每日現做小蛋糕，，也是許多顧客喜愛的選擇，無論點甜鹹食，小蛋糕份量不大，都能隨胃口加點，也能提供外帶，不受限於內用。$200/個

創新義大利甜點 >>

-TIRAMISU-

有鑑於國人對義大利甜點的印象，提拉米蘇是不可或缺的甜點品項，主廚重塑提拉米蘇的外型，以咖啡海綿蛋糕、提拉米蘇泡泡搭配咖啡西米露與卡布奇諾奶酪，隱藏著義大利人對於台灣珍味奶茶Q彈口感的讚美與熱愛。$350

結合本地食材的創意發想 >>

-Nocciola-

因為喜歡台灣的水果，搭配發想出的小型蛋糕，能嘗到台灣人熟悉而自信的香蕉，搭配榛果達克瓦茲、榛果白巧克力慕斯與榛果醬製作而成。$200

視覺先行的色彩甜點學

　為營造品牌的繽紛活潑調性，以玩心的概念出發，Yellow Lemon 特別重視色彩上的呈現與組合，做出與其他甜點店的差異化。像是大膽採用紅、黃、粉、藍，並以獨特的外型〈機器人、擬真魚子醬、野餐等趣味元素〉提供能讓顧客第一眼就驚呼的高記憶點造型。

美味的秘訣 >>

★ 主廚獨創的創意甜點，極具視覺魅力。

★ 嚴選進口原料，最短一兩周即微調甜點品項，提供新鮮感。

★ 盡量使用台灣在地水果，將在地食材發揮最符合風土的滋味。

復古設計風格引起熱潮

日本昭和時期的喫茶店超吸睛，但當客人坐下來，焦點回歸到
甜點身上，這時才是身為一位甜點師傅的魔幻時刻。

-shop-
07

復古的藝術，一位難求的
日本昭和洋菓子甜點屋——

Kadoya 喫茶店

2013 年，當時台南老屋話題正夯，KADOYA 在那一年開店了，外觀一襲復古的日本喫茶店風格，很快地在老屋朝聖者的目光下流傳開來。KADOYA 所在的樹林街近府連路，不同於台南眾多老街文創造街，六年來這裡沒有群聚的商店，在寧靜的民宅街區日常裡，唯有 KADOYA 這間平房總能看見絡繹不絕的訪客。

Basic Data

店面：台南市東區樹林街一段 36 號
網址：https://www.facebook.com/Kadoyasweets/
營業時段：平日 13:00-20:00 五、六、日 13:00 - 22:00 ／週二休
客服電話：06-200-3434
店鋪坪數：店約 13 坪

—— **Creation Story** ——

KADOYA 是一家日式洋菓子甜點店，但在還沒有走進店裡之前，多數人都是被設計風格引領而來，猶如京都街頭的咖啡廳，昭和時代的主題情境，為甜點添上迷人韻味。十多年前，日本漫畫改編的日劇《西洋古董洋菓子店》在台熱播，那是很多人開始認識洋菓子的起頭，那時桑原師傅還是一個不愛吃甜點的男孩，和現在身為甜點店創辦人的際遇，連他自己也坦言是料想不到的轉變。

跳脫舒適圈零資歷起步
風格取勝也是優勢

投身甜點業界之前，桑原師傅一直都在各大報社擔任美術編輯的工作，晚上兼做網拍，工作收入不錯，那時才正是而立的年紀，他卻亟欲跳脫舒適圈，雙子座的他是想做就去做的個性，於是給自己定下目標考上日文檢定，他辭職到日本念語文、見習，回台後又回報社工作三年，然後決定要開甜點店了。細想這樣的經歷等於是零資歷，他只是笑笑說「不要想太多就好了」。

決定在台南開店之後，他開始思量，甜點店這麼多，如何營造一個獨特的情境氛圍，加深大眾對甜點的記憶，於是在朋友協助下，以日本昭和時期喫茶店空間設計定調，以呈現日式洋菓子的精巧細緻，試圖打破一般吃氣氛的刻板印象，讓空間與甜點完美的相稱，不過確實在開店初期常被評論以建築設計風格取勝。

01

職人態度搭配行銷策略
慢慢咀嚼終會回甘

當客人坐下來，焦點回歸到甜點身上，這時才是身為一位甜點師傅的魔幻時刻。歷經在日本求學打工的成長階段，日本職人態度早已潛移默化在桑原師傅身上，每道甜點的原物料品質之好，真材實料絕無虛名，不厭其煩的繁複工序，蘊含了絕不妥協的堅持，不敢說自己已經全力以赴，但取得日本西點證照、日本衛生師證照，就連希罕的日本包裝證照、廣告丙級技術士證照也都囊括了，功力不在話下。

甜點賣相佳，也要懂得怎麼賣才行，桑原師傅說，開店不能整日埋首在廚房工作室，尤其在提升營運績效上，還是得要設想經營策略，或許是出身媒體界，他對文字行銷也頗在行，商品上他為甜點冠名不少好玩成份，開店之初一款超

人氣甜點天堂路，「沒爬過天堂路也要吃過」一舉打響海綿蛋糕招牌，近期最暢銷的李組長檸檬塔，「案情果然不單純」瞬間鄉民上身，看看他的文案發想總挾帶著讓人會心一笑的詼諧感。

　　時間的腳步總是無聲無息，KADOYA 今年六歲了，從一個 4 坪空間的小廚房打下基礎，現階段已經升級成為 20 坪的工作室，桑原師傅說，其實 KADOYA 第一年營業額就已經漸入佳境了，六年來都將盈餘用於分配紅利與提升硬體上，他的經營學深受家中長輩影響，自小看父母在夜市賣豆花三十多年，遭遇再大的困境都努力撐過，這份堅毅讓他面臨挑戰與難關時，心裡總有一份踏實，只要能堅持下去就沒有什麼過不去的，他始終堅信，心態就是最好的投資。

01. KADOYA 甜點店的創辦人桑原師傅。
02. 店舖的每個角落都用心設計擺設，除了尋找復古家具，桌椅也是特別訂製。
03. 台南有許多日本觀光客，為了與店裡風格呼應，商品名牌以日文大字標示為主，中英文小字為輔。

─── Store Design ───

01. KADOYA 位在街口轉角的三角區中，原本是一間小木屋。02. 吧檯內復古拉門，連結廚房與外場。03. KADOYA，這店名取自日文有角落商店之意。

日本昭和喫茶店風格 ▍

　　KADOYA，這店名取自日文有角落商店之意，純粹是甜點店位置在街角的三角窗而命名。這裡原本是一棟木造平房，桑原師傅將整棟小木屋打掉重建，當初設定甜點店空間的靈感來源是以日本昭和喫茶店為範本，第一個想法就是要一個 U 型吧台，先把位置定出來，座位區環繞 U 型吧台、倚著三角窗展開，吧台後方是僅僅 4 坪空間的迷你廚房，隔著一扇活動式百葉木門扉進出。

　　外觀的咖啡色帆布招牌搭配條紋跳色遮陽板，低彩度像是特意不張揚的小店風格，外牆上的燈箱與玻璃門片上露出日文字店名，更把京都咖啡店景致惟妙惟肖的復刻上身。為了呈現日本昭和年代的時空背景，在老房子裡最重要的空間氛圍就是時間韻味，例如天花板燈是早期咖啡廳常見的照明設計，尤其日本老咖啡廳天花板燈最多，在新宿、京都的老店相當普遍；選擇茶色半透明玻璃的落地窗搭配蕾絲窗簾，從外觀看上去，低調做得更加分。

復古老件添懷舊感 ▌

　　磁磚同樣是 KADOYA 頗具記憶點的空間特色，這款甘藍綠舊磁磚是用窯燒製成，相較電燒磁磚的標準化，每塊窯燒磁磚色彩都不盡相同，展現老物的工藝價值，並與室內墨綠石材地板相輝映。室內空間色彩以橙黃為主，大量的古銅金鑲更添懷舊的份量，吧台的皮製旋轉高腳椅、窗邊的餐桌椅全採訂製，由木工與沙發師傅分工組成，然後再組裝椅腳上去。細節控連吧台上的鈦金字也在乎不已，桑原師傅說，別小看 CASHIER 這七個鈦金英文字，等於一台冰箱的價格了。

　　最後再利用一些復古老件擺飾，使懷舊風格錦上添花，例如吧台牆上的日本日曆、投幣式的電話機、廁所燈的撥桿式開關、餐桌的桌牌，少量的擺飾兼顧實用性，讓小店空間靈巧又見用心之處。

04. 極具記憶點的懷舊吧檯，每個作工細節都考慮到了。

[Tips]

日本味的布置亮點：

A. 門口的日文店名小燈箱，招牌與營業日一律日系風格。B. 吧台牆上的日本手撕日曆，好老派。C. 餐桌的桌牌，注意看看 JAPAN DESIGN。D. 日製投幣式電話機，勾起懷舊的生活記憶。E. 門口的御用客來上鎖傘架，日本設計就是貼心。

────── **Kitchen Design** ──────

獨立工作檯各司其職

歷經開店初期的 4 坪店鋪廚房，期間為了擴充而租用 15 坪倉庫，去年在店鋪對面租下一間廢墟，花費 200 萬重新改造作為新的廚房。相較地狹人稠都會區的店鋪廚房空間多數相當迷你，KADOYA 新廚房占地 20 多坪，空間配置條件很充裕，而內場最多四個人，工作時不會那麼擁擠，員工覺得舒適且較有效率。

當初捨棄一字型的工作檯，一方面是地板，不想要挖排水溝，這樣反而易增菌，另一方面是需求量沒有大到要有中央工廠的流水線生產動線，有時候每個人負責不同品項的備料，所以一人一個工作檯各司其職。

因為廚房空間越換越大，添購設備也越來越多，單單冰箱就有八台，開店初期的傳統烤箱亦進階到炫風式烤箱，還有鮮奶油機、塔皮機等各種設備，尤其急速冷凍冰箱可瞬間降溫至零下 20 度，省時又殺菌，若餅乾剛出爐還很熱，又工作得很晚，這時急速冷凍冰箱好處就是能夠將熱的成品放進去，冰箱也不會壞掉，無須等成品放涼，耗時間等下班，這樣就可以讓員工早點收工回家。

01. 開店多年，創辦人桑原師傅累積了許多廚房小訣竅。02. 將廚房劃分為冷熱房，將烤箱設置在空氣對流良好的熱房，可避免烤箱溫度讓冷房的溫度失調。03. 食材桶下面加滑輪，除了方便移動，還可以讓食材離地預防蟲蟻。

塔皮機的妙用：

KADOYA 塔皮產品占半數以上，有了塔皮機，不只事半功倍而已，若依照正常程序，一小時可壓出約 500 個塔皮，雖仍有半手工部分，不純然是全機器製作，但相較之前純手工捏塔皮，足足可省下兩小時的效率，除了省下人力，口感也有差別；手工力道有大有小，大小就會影響口感，塔皮機則能控制品質均一。

磁鐵記事板簡化例行繁瑣事務：

把辦公室文具那一套搬到廚房來應用，將固定使用配方的基底做成便利小磁鐵，就不用花時間寫在白板上，時間的有效利用都來自於這些微小的累積。

04. 05. 小廠商缺貨時可能會調其他廠商的蛋來用，導致品質不一，衛生也無法把關。固定與規模較大的廠商合作，能確保穩定的貨源取得價償的水洗蛋。06. 每個人有獨立工作檯，可以單獨負責不同品項的備料。07. 廚房用品井然有序，分工區域明確。

───── **Kitchen Design** ─────

強烈工業風設計巧思 ▮

　　這間廚房呈現了鮮明的工業風風格，和桑原師傅個人喜好有絕對關係，其中鐵工施工的項目最多，除了主結構鐵皮屋內再增加一層水泥板，水泥材質隔熱又防火，等於是鐵盒裡面再做一個水泥盒，衛生與工安雙重保障，還有漁船使用的防爆燈、建築工地用的輕鋼架專用吊具、聯結車貨櫃鐵皮改裝拉門、塗上金色的負壓風扇、麵粉桶拖板車，不走尋常路線的設計感，由裡到外極盡巧思。

01. 義大利 TECNOMAC 的急速冷凍冰箱，可瞬間降溫至零下 20 度，省時又殺菌。 02. 漁船使用的防爆燈，就算燈泡碎裂，也有外殼防止碎片掉落。 03. 04. 製物架是防盜鐵窗，堅固耐用，也塑造出工業風的粗曠感。 05. 準備大量可露麗專用的銅模，方便一次量產。 06. 蛋糕尺寸小於模具 Size，使用木板填充多餘空間，作出適合大小的蛋糕。

年代感設定的復古色盒裝設計

桑原師傅本身是美術設計科班出身，餐盒設計就由自己操刀設計，因應蛋糕捲與塔類而有不同尺寸的盒裝甜點設計，盒裝上皆以日文字「カドヤ」(KADOYA 的日文名) 作為形象設計，並呼應以昭和時期營造的甜點店風格，盒裝色調偏咖啡復古色系，蛋糕捲盒裝印上燙金字體，加上使用進口紙製作，精準鋪陳低調的質感。

近期推出的新款小型盒裝設計，主要用意則是為了結合彌月禮盒與喜餅禮盒，由於蛋糕捲需冷藏，上班族若要在辦公室分送同事有不便之處，所以彌月禮盒內容設定以常溫類甜點為主，凡是各種手工餅乾茶點皆可隨意組合，並沒有固定的套式。盒裝製作成本要價不貲，但更貴在巧思。

07. 金色燙金名片，精製奢華，對折還可以立起來。08. 盒裝色調偏咖啡復古色系，蛋糕捲盒裝印上燙金字體。09. 近期推出的新款小型盒裝設計，主要用意則是為了結合彌月禮盒與喜餅禮盒。

◆ 營業開銷

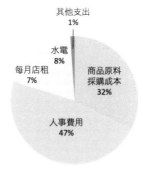

其他支出 1%
水電 8%
每月店租 7%
商品原料採購成本 32%
人事費用 47%

—— Product Design ——

人氣 > *Top 1*

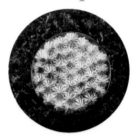

- 李組長檸檬塔 -

因為檸檬汁下得比較重，所以酸度很高，但特別爽口，上方鋪滿的義式蛋白霜帶點黏與甜融化在口中，與檸檬酸度超合拍，咬下時還有鬆脆的厚塔皮擾動奶油香氣，果真案情不單純。$149

人氣 > *Top 2*

- 雙重乳酪塔 (2 層チーズケーキ)-

使用日本柳市乳酪遇北海道四葉，鹹香搭上爽口的乳脂在口中蔓延開來，紮實的口感，再搭上甜塔皮，味道及口感上都非常的契合。$220

人氣 > *Top 3*

- 顛倒蘋果塔（林檎タルト）-

每個蘋果塔約使用兩到三個蘋果製作，從削皮、切片、蜜果、烘烤，再蜜果烘烤等等繁複的程序，絕對值得慢慢地輕嚐一口口最天然、最化口的味道。$250

洋菓子從原物料嚴選逐步成型 ▌

　　如同在電視網路上看到的日本甜點，洋菓子、和菓子總是如藝術品般的精緻，內在的食材、外在的美觀彼此相輔相成，想要製作道地的洋菓子，蛋糕的基底樣樣都要講究，所有麵粉都是進口的日本麵粉，如鳥越麵粉等，因日本麵粉不會加工漂白，口感質地天然更細緻，雞蛋用的是水洗蛋，食安把關最重要。

　　原物料方面還有使用進口的日本三溫糖與上白糖，以及日本與法國鮮奶油製作，是蛋糕與手工餅乾甜味與濃度不可或缺的美味關鍵，另外胡麻油替代奶油提升口感，烤出來的蛋糕

特殊食材 >>

- 日本騎士 (チーズケーキー)-

日本北海道乳酪加上一層覆盆子醬，可以讓濃郁的乳酪更有層次，舌尖感受著酸甜滋味卻不搶味，放上自製的季節水果鳳梨乾裝飾，非常爽口。$120

季節商品 >>

- 九鬼芒果 -

KADOYA 的招牌蛋糕捲，採用質地細緻的日本麵粉以及法國白巧克力與日本九鬼油，再捲入濃醇香的法國鮮奶油，陽光芒果擔當起盛夏季節限定的精彩。$130

外帶小品 >>

- 蛋白餅 (メレンゲ)-

有龍眼、芝麻、蔓越莓、柳橙檸檬等口味，蔓越莓在酒中泡漬，柳橙檸檬丁經過熬煮，和蛋白混合，以低溫長時間烘烤，蛋白餅甜度稍高，建議與無糖飲料搭配恰到好處。$130（左：芝麻、中：榛果、右：龍眼）

適合送禮 >>

-COOKIE-

各種手工餅乾茶點隨意組合，法國仙貝、檸檬糖霜餅、恩加帝、肚臍餅、咖哩味哩堅果餅、草間彌生常溫蛋糕、焦糖堅果千層派、藍莓瑪德蓮、可露麗，彌月送禮新選擇。$ 約 350-500（依照喜好挑選）

可去除蛋腥味，相較坊間以沙拉油製作戚風蛋糕，最能感受胡麻油帶來去蕪存菁的配方效用。

美味的秘訣 >>

★ **用料下得很重本，如紅豆、芋泥、檸檬、水蜜桃等等族繁不及備載。**

★ **不用奶油而用日本胡麻油烤蛋糕，可去除蛋腥味。**

★ **日本三溫糖與上白糖酸度低，不會令人容易覺得口渴，吃蛋糕較不用喝水解膩。**

動人心弦的滋味

甜點能感動人，產生共鳴，就像音樂一樣。當你吃到某種味道，回憶起
某一段時光、某一刻瞬間，體會到的不只是食材跟製作技術，而是感動。

傳習天皇授勳達克瓦茲創始店，
日本職人精神的完美體現——

ISM 主義甜時

2006 ～ 2012 年，國際大提琴家陳世霖，在加拿大包瑞里斯弦樂四重奏裡擔任演出，六年五百多場的演奏會，馬不停蹄四處奔波，累積了六七百張登機證，現在終於降落了。回來台灣，與日本主廚小松真次郎開創了 ISM 主義甜時。他說做甜點是一門藝術，由心而起，職人純粹的心意，和音樂相通，從甜點師追求極致精細的工藝，他也重新找到自己音樂旅途的目標與意義。

Basic Data

天母創始店 >>

店面：台北市天母東路 8 巷 21-2 號

營業時段：平日 12:00-20:00 ／週二 休

客服電話：02-2874-7989　**坪數**：20 坪

忠孝店 >>

店面：台北市忠孝東路四段 216 巷 32 弄 7 號

營業時段：12:00-21:00 ／每月連休三天 | 依 fb 粉絲頁面更新 |

客服電話：02-2778-0920　**坪數**：42 坪

網址：http://www.patisserieism.com

—— Creation Story ——

每一個感性的音樂家，可能都曾這樣迷惘地問自己，什麼是藝術呢？留美大提琴家陳世霖，在 2008 年全美陷入經濟風暴時，察覺經濟蕭條對音樂領域產生了極大影響，讓藝術工作也面臨了經濟市場的危機。這讓曾經對音樂信仰堅不可催的陳世霖，也開始懷疑，什麼是藝術呢？於是他開始探索不同領域，希望找到藝術的其他面向。從前可能以為音樂美術才是藝術，但他卻在摸索中發現，不同領域中也有千錘百鍊、追求完美的藝術精神，那就是「職人精神」。

從「心」出發

為了了解「職人精神」，2012 年陳世霖進入烘焙業從頭開始學習，並在 2013 年前往日本福岡著名法式甜點店「16 區」，向日本甜點大師三嶋隆夫拜師學藝。曾經他日以繼夜反覆練習彈奏一首曲子，在這裡他也從洗碗、掃地、切水果等最基礎的工作學起；曾經他在舞台上接受掌聲，但現在他重新當個學徒，不僅學習烘焙技巧，更重要的是修習職人的「態度」。

職人的心意

陳世霖在「16 區」學習了兩年，可惜因為手傷無法繼續下去，但也在此處結識了主廚小松真次郎，兩人默契相合，決定一起在台灣創立 ISM 主義甜時，一圓兩人的甜點之夢。小松主廚在法式甜點領域裡投注近二十年的時光，之中有十六年半專注在傳奇主廚山嶋隆夫的甜點店 16 區學習。在日本職人精神的自我要求下，他對每一個食材、環境、器具設備與流程，都要求精準掌握，對待工作就像審慎地完成一場神聖的儀式。這也是陳世霖所堅信的理念，要將日本的極致工藝與法式甜點的專業美學帶回台灣。

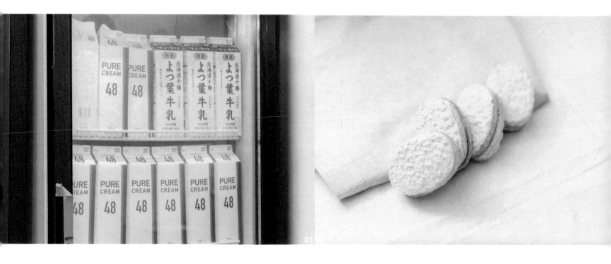

將達克瓦茲帶來台灣

　　兩人的師傅三嶋隆夫，是甜點界中的傳奇人物，榮獲天皇受贈勳章，達克瓦茲是他的代表性原創甜點，風靡日本後又流行到法國，聞名國際。三嶋隆夫因為信任小松主廚和喜歡台灣，讓 ISM 主義甜時獲得大師授權，使用與日本一模一樣的模具，原汁原味將達克瓦茲帶來台灣，成為 ISM 的主打商品。

理想不能妥協

　　陳世霖坦承一開始經營非常不容易，因為對品質的堅持，ISM 的食材成本一直高居不下。月進貨時，鮮奶油占到食材成本 30%，就是因為使用兩款 48% 及 35% 的日本九州歐姆頂級純生鮮奶油。儘管食材貴，但市場能接受的價格有一定的限制，導致 ISM 的商品價格大約是食材成本的兩倍，但一般定價是食材三倍，中間差額只能自行吸收，在開店前期知名度不高時，只能苦苦硬撐。

　　但優質商品就像會發光的寶石，讓來探索的顧客都驚訝地挖到寶，回頭率九成以上，口碑行銷和口耳相傳下，在天母地區打開了知名度，來客量穩定地上升。開店近一年，在 2016 年中秋節時，禮盒訂單突然暴單，賣了 2000 多盒，陳世霖知道 ISM 主義甜時終於站穩腳根，獲得了顧客認同與支持，因理想不能妥協，當你只能向前邁出時，就會有人與你並肩同行。

—— Kitchen Design ——

投資優質的烘焙器材

ISM 有天母與忠孝兩家店，前者目前製作常溫蛋糕，後者製作招牌達克瓦茲和幕斯類蛋糕。秉持著要做就要最好，陳世霖斥資 600 萬在機器設備上，幾乎占了資本額的六成。如使用擀麵機、南蠻窯烤箱、德國進口攪拌機，還有一台多功能的烘焙爐，可以製作布丁、麵包、可頌等各式烘焙點心，還能 360 度旋轉烘烤，讓食材均勻受熱，呈現出最完美的烘焙成果。急速冷凍冰箱使用丹麥品牌 Gram，有保濕效果，且為了避免甜點因風吹而乾燥，風從冰箱內兩邊環繞吹出。

01. 德國百年品牌 Rego-Herlitzius 的攪拌機。
02. 主廚正在製作招牌甜點達克瓦茲。03. 忠孝店的廚房有兩面透明大窗，讓顧客不管在一進門或是在座位區，都能看到廚房的工作情況。
04. 05. 達克瓦斯在出爐冷卻後，每一塊都要經過手工修剪。

[Tips]

從細節看門道：

別小看製作達克瓦茲時，塗抹蛋白霜氣泡的步驟，因為打發的蛋白氣泡會漸漸死掉，所以第一盤到最後一盤的速度掌控和塗抹方式都不一樣，十分考驗製作者的手速和經驗。

專業的職人精神 ▌

　　主廚小松真次郎認為所謂的職人精神，是要了解產品，用心去製作。如果只是公式化地完成產品，放上一顆草莓就當作完成工作，那樣的產品是沒有靈魂的。就算是看起來簡單的一個步驟，也要能自己判斷、調整狀態，要有我想要做出好吃、漂亮的甜點給客人的心意，並投注這樣的心情去工作，才是真正的職人。

　　就像 ISM 的招牌甜點「達克瓦茲」，經歷無數次的配方調整、食材選用，千萬次的蛋白打發、杏仁麵糊混拌、糖粉鋪陳還有火候拿捏，到最後從烤箱出爐，還要拿剪刀一塊一塊地手工修剪、清理，充分體現日本職人對產品細節的苛求，才能成就出「達克瓦茲」那夢幻般的美名——「珍珠盤」。

06. 丹麥品牌 Gram 的急速冷凍冰箱。07. 每顆蛋白霜擠泡的落珠方式都不一樣。08. 日本進口的頂級烤箱「南蠻窯」。09. 使用細網來灑糖粉，可以精準控制粉粒的粗細與鋪灑程度。

—— **Store Design** ——

01. 原店的裝潢就是走素白典雅的
風格，所以頂下店面後沒有花太多
裝潢費用。 02. L型櫃檯，一面是
常溫糕點類，一面是法式甜點櫃。

法式甜點結合日式美學 ▍

　　ISM 主義甜時的創始店選在天母開店，附近是較為安靜的住宅區，和 ISM 的品牌可以相呼應。雖然是做法式甜點，但結合了日式美學，不走華麗宮廷風，而是用「純白、簡單」，再加上一點溫暖，就像 ISM 的蛋糕也是同樣的感覺。

　　後來在東區剛好發現適合的店面，加上市區的顧客也反應希望能就近再開一間，於是決定再開第二家店。但不同於天母是社區型店鋪，東區競爭較大、店租成本較高，在行銷推廣上需要花更多時間與成本。所以雖然在業界已有知名度，但仍會每個月投入行銷費用，讓網路搜尋先找到 ISM，或請部落客宣傳，吸引更多年輕的客群。

一字排開的氣勢　猶如一場展演 ▍

　　忠孝店甫進門，就是超長的 L 型木櫃檯，一邊是冷藏甜點櫃，另一邊是供禮盒搭配的常溫糕點及手工餅乾，豐富的商品塑造出 ISM 的品牌氣勢與專業度。L 型的設計也剛好可以將購買甜點與選禮盒的顧客分開，方便挑選商品。喜愛甜點的顧客可以在挑選完甜點後，往旁邊的座位區移動；而購買禮盒與伴手禮的顧客有寬闊的空間可以悠閒挑選，一字排開的陳列方式也相當方便選購試吃。兩種區塊的分隔也讓人員服務更流暢，用餐座位區也比較不會被走動和交談的人干擾。

　　廚房的位置正在店鋪的中心，同時只以大片玻璃窗相隔，顧客們可以隨時看到廚房裡，師傅與夥伴們專業認真的工作身影，是最大力度的「視覺行銷」。若只是單純來享用精緻甜點的顧客，在一邊用餐時一邊看到玻璃窗後，主廚小松真次郎製作達克瓦茲的專注身影，應該都會想帶一盒回家吧！

03. 素白的招牌在狹窄雜亂的東區小巷中特別明顯。04. 白色大理石蛋糕櫃與廚房色系一制，有視覺延伸的效果。05. 進門入口右側有獨立的禮盒櫃，展示不同風格的禮盒包裝。

—— **Visual Design** ——

禮盒塑造風格　送禮傳達心意 ▍

　　一開始 ISM 的禮盒是從日本進口，但一個盒子就要 270 塊，成本考量上無法負荷。於是開始自己製版，創作 ISM 品牌風格的禮盒包裝，並且在開店一年後請了品牌顧問，提供更專業的建議參考。最新的禮盒包裝是依照四季為主題，像一場展演，依季節時序傳達了日本美學。如春的意念是「雅」，用櫻花的顏色，作出自然的漸層感覺，彷彿含苞待放的花蕊。

　　除了提供美味的吃的體驗，ISM 還想分享更多的視覺與美感上的享受，並在意與客人的互動，常和客人聊天做朋友。因為美味食物就像音樂一樣，能傳遞情感，ISM 希望讓每一份禮盒能完美傳達送禮人的心意。

01. 一進店門的視覺黃金區域設置禮盒專區。02. 以季節為發想的禮盒設計。03. 禮盒設計一貫維持日式素雅的品牌風格（以當季店家提供的為主）。

—— **Brand Cooperation** ——

凝聚品牌影響　策展匯聚人潮

身為一個音樂人，陳世霖因職人的精神與主廚小松真次郎默契相合，合作創辦了 ISM，也看到了藝術在不同領域發光發熱。於是他更希望吸引更多志同道合的人，讓 ISM 成為藝術、文化的交流地。由於散客比較難做更深層接觸與想法上的交流，陳世霖目標是化身策展人，讓 ISM 成為交流平台，舉辦講座與教學課程，讓不同領域的職人分享彼此的信念與熱誠。

比如 ISM 與英式紅茶專家 Kelly 合作舉辦維多利亞下午茶會，分享茶知識、歷史和調茶方法。還有與其他品牌合作，像是與意象書法家陳世憲合作的禮盒設計，在春節推出十分應景。未來 ISM 希望藉由更多的合作推廣，歡迎有想法的人來分享主義，將好的概念繼續分享出去。

01. 陳世霖以音樂會友，結合甜點藝術與其他領域的交流。 02. 與意象書法家陳世憲合作的春節禮盒設計。

◆ 營業開銷

其他支出　1%
水電　8%
每月店租　7%
商品原料採購成本　32%
人事費用　47%

—— **Product Design** ——

人氣 > *Top 1*

- 達克瓦滋 (Dacquoise)-

曾受日本天皇授勳創始店傳承，原料僅用簡單的杏仁麵糊、蛋白、糖粉與焦糖奶油，要求最精確的步驟技術，如蛋白打發的狀態、糖粉鋪灑的密度與烤箱的火候……等，創造近乎苛求的完美呈現。$90/ 2 入

人氣 > *Top 2*

- 歐姆純生鮮奶油蛋糕捲 (Rouleau)-

使用 48% 及 35% 兩款日本九州歐姆頂級純生鮮奶油，再抹上一層大溪地香草莢製作的濃郁卡士達醬，搭配綿密且帶有龍眼蜜香氣的蛋糕體。$550/ 條

人氣 > *Top 3*

- 沖繩黑糖蛋糕捲 -

使用 48% 及 35% 兩款日本九州歐姆頂級純生鮮奶油，蛋糕體與鮮奶油餡融入了產自沖繩的黑糖，在那高雅的黑糖香氣裡品嚐濃濃的南國芬芳。$550/ 條

與優質農場合作取得新鮮安全的食材

　　ISM 創辦人陳世霖在台南長大，他說好的食材是什麼東西吃起來就是什麼，現在許多基因改造後的水果太甜，而且連外型都變成「四不像」，他希望能找到回憶裡小時候吃到的水果。於是他特意找南部信任的農場合作，在相同的理念堅持下，不使用農藥與化學肥料，供應最新鮮的當季水果給 ISM。同時，也因為秉持著用最好的食材，使用日本九州歐姆頂級純生鮮奶油來製作蛋糕。這些高額的食材成本讓單品利潤下降，但卻締造了不凡的美味。

—— Product Design ——

巧克力控的最愛 >>

- 法芙娜二重奏 -

使用了在巧克力業界中有 Hermès 稱號的法國頂
級法芙娜巧克力，小松主廚精心設計了由兩款
Caraibe 與 Jivara 巧克力，搭配而成的雙層慕斯
蛋糕。濃郁的巧克力香氣，雋永長留卻不會太過
甜膩。$165/ 1 入

季節限定 >>

- 芒果鮮奶油蛋糕 -

歐姆純生鮮奶油搭配誘人的新鮮芒果果肉，再與
鬆軟綿密的海綿蛋糕完美結合。$200/ 1 入

適合送禮 >>

- 龍眼蜂蜜瑪德蓮 (Madeleines)-

法國傳統常溫糕點，使用龍眼蜂蜜搭配檸檬的香
氣，呈現清爽鬆軟口感。$50/ 1 入

適合送禮 >>

- 費南雪 (Finacier)-

共有榛果、紅茶、楓糖三種口味可以選擇。榛果
口味輕盈蓬鬆，入口後榛果搭配龍眼蜂蜜；紅茶
口味有濃郁茶香，搭配龍眼楓木；楓糖口味用加
州杏仁粉配上加拿大楓糖，口感不甜膩且濕潤。
$55/ 1 入

另外，讓主廚全權發揮創意想法，而不是
去迎合消費者。像是甜度就不一定能讓所有人
接受，尊重主廚的創作風格，把有信心的東西
做到最好。

美味的秘訣 >>

★　與信任的農場合作，取得新鮮
　　優質的水果。

★　使用歐姆純生鮮奶油，好食材
　　賦予驚人美味。

★　讓主廚自由發揮，不會刻意迎
　　合消費者。

跳脫傳統法式甜點框架

大多人以為法式甜點就是檸檬塔、千層派、閃電泡芙等常見
的法式甜點，但法式甜點其實是要求細節、講求層次、永遠
挑戰自我的一種手法與精神。

法籍主廚的米其林心法，
與巴黎同步的法魂甜點——

CJSJ 法式甜點概念店

有人說，沒去過巴黎，不算吃過真正的甜點。但，落腳台中的 CJSJ 法式甜點概念店，將這句話徹底顛覆，開業三年，至今仍是排隊名店，讓多位高人氣美食部落客主動分享：「CJSJ 為台灣的法式甜點提升了新高度，非常值得一嚐！」

Basic Data

店面：台中市西區向上路一段 79 巷 72 號

網址：https://www.facebook.com/CJSJgastronomie/

營業時段：平日 12:00 - 18:30 ／週一 休

客服電話：04-2301-6996

店鋪坪數：約 50 坪

—— Creation Story ——

米其林餐廳的廚房之戀
為愛等待的癡心堅持　▌

「CJSJ」由台灣女料理師 Chuang Ju 與法籍男甜點師 Soriano Joaquin 所共同創立，以兩人的名字簡稱，濃縮而成的品牌名。台灣出生長大的 CJ，在高中餐飲科畢業後，年輕時便開了間西式早午餐店，開店一段時間後，由於想進修廚藝，便放下台灣的一切，隻身前往法國學習正宗法式料理，抵達法國後，CJ 先上半年的語言學校學法語，再到藍帶學院進修，最後來到米其林三星餐廳 Le Meurice 進行實習，緣分安排下，CJ 認識了同間餐廳的法籍甜點師 SJ，有著共同興趣、相似話題的兩人，很快地就墜入情網，成為餐廳的廚房情侶。

但那時，由於工作簽證等的相關限制，CJ 離開了 Le Meurice 餐廳，到南法的安堤貝餐廳工作，分隔兩地的兩人，持續連繫著感情，直到兩人再度相聚，便知道對方是自己一生的伴侶，不想再與彼此分開。重聚後沒多久，考量到職涯規劃，便打算共同創業開店，攜手走向人生下一段旅程。

比巴黎更美的景色
落腳台中的感動瞬間　▌

由於開業金、語言等多方因素，兩人最終決定由 SJ 定居台灣，落腳在 CJ 一路成長的家鄉台中，實現兩人心中的精品甜點店。為了做出法式頂級精品感的甜點店，尚未回國之前，CJ 便利用 E-mail，與專業設計團隊溝通品牌

LOGO、品牌辨別形象 CIS 等，先行定調出品牌樣貌，回國後立即銜接製作，同時，經由台中在地的餐飲朋友介紹，找到一間正在出租的店面。

「那時，我和老公看到第一眼，就被廚房前面的這片美景給震懾了！透過窗戶，陽光灑落的綠景畫面，比巴黎的街景還要美，若每天都能搭配眼前的美景工作，工作會有多幸福啊！」CJ 笑著說。於是，一眼瞬間，CJ+SJ 毫不考慮地，便決定落腳於此處，揭開法式精緻甜點店在台灣開店的序幕。

文化差異的強力衝擊
米其林甜點師的台灣考驗　▌

頂著米其林三星甜點師傅的光環，「法式甜點概念店」沒多久就受到媒體、網友們的矚目，生意絡繹不絕，每日大排長龍。但，甜蜜的熱潮過去後，被主打法式甜點吸引來的台灣顧客，大多人對於經典法式甜點的定義，仍受限於似是而非的檸檬塔、千層派、閃電泡芙。

01

「其實法式甜點不只是這些，法式甜點是要求細節、講求層次、永遠挑戰自我的一種手法與精神。」法籍甜點師 SJ 分享。因此，得不斷與顧客溝通，台灣人期待的、表面滿是水果的甜塔，並非法式甜點的唯一表現方式，水果能以更講究、大膽、創新的想法，藏進蛋糕體、慕斯、果餡中，讓風味繾綣喉頭，會是更雋永而細緻的質感甜點。

為讓顧客能有時間接受並認識真正的法式甜點，法籍甜點師 SJ 創作出各式外型特異，能吸眼球、同時卻保有甜點層次的特殊造型甜點，如青蛙、魔術帽等，藉由有記憶、非制式、獨創性的童心外型，用趣味與巧思，讓台灣人欣賞法國人的幽默與不斷超越的技術。

01. 1 樓店鋪以極簡風格打造高雅簡約的風格。02. 顧客經過 2 樓時，可以從樓梯看到廚房工作情形。03. 主廚 SJ 正在製作蛋糕上精細的翻糖裝飾。

—— Store Design ——

比法國更美的綠意桃花源 ▌

　　與台灣人相比，法國人更在乎工作時的舒服感受。因為工作要求嚴謹、不允許落差，好的環境與氛圍，能為工作注入一絲浪漫寫意，在高壓的狀態下，依舊能專注創作而非如工匠般的機器式生產。

　　選擇店址時，透過朋友的介紹，相中廚房窗外有大片綠景的店面，直覺地承租下來。因該商圈尚未開發完全，初期靠著媒體報導、口碑行銷，大多為旅客、網友上門消費，開幕半年後，隨著審計新村開幕，商家逐漸攏絡，商圈慢慢成熟，集客力也更為穩定且有效，「開店有時真的得靠點運氣，但相信自己的直覺，選擇自己所愛的環境，工作心情愉悅，運氣就會好。」CJSJ 法式甜點概念店分享。

01. 三層樓的店鋪，一樓為甜點櫃位、二樓為廚房、三樓為用餐區。

01

極簡俐落的空間密語 ▌

　　為營造內用氛圍的精品感，店鋪空間以大面留白、長廊式如欣賞藝術展般的高雅規畫，不以坪效為優先，主打靜靜品味、細細品嘗的極簡風格。利用潔淨的純白搭配灰藍綠色，創造流行時髦、又微帶女性高雅格調的乾淨空間，簡化一切繁複的裝飾品，將光源全集中於蛋糕櫃上，讓顧客從進門到入座中，能慢慢欣賞每個似藝術創作的手工甜點，從視覺到味覺，開啟一段法式甜點的時尚之旅。

　　同時，蛋糕櫃上，遵照法式的嚴謹流程，印製過敏源標示提醒，更貼心而誠實地，讓顧客清楚蛋糕的成分得以自我評估。

01. 蛋糕櫃的商品有過敏原標示。
02. 將光源集中在甜點櫃，吸引顧客的目光。

—— **Kitchen Design│2F** ——

講究細節的精準高標 ▮

　　廚房是 CJSJ 法式甜點店的靈魂，一切比照標準作業流程，工序絲毫不可馬虎，師承法國米其林餐廳的法籍甜點師 SJ，工作上也特別講求細節的到位與清潔維護，像是冰箱打開後需盡速關閉，以免影響冰箱內的溫度，進而讓食材變質、狀態不穩定，都非高標準的法式甜點店，可允許的微小落差。

　　同時，把廚房當成一級戰區，極度講究效率。像是從法國原裝進口，含國際運費，單價要價千元的法製圍裙，材質防水容易快速清洗，下班前可直接在廚房水洗清潔，隔日即快乾可上工，無須員工帶回家花錢送洗。「圍裙的外觀並非重點，效能才是我們看重的要素，好的工具值得花錢投資，員工不該花時間在無謂的事情上，下班後該休息、放鬆，才能養足心力投入在專業領域。」法籍甜點師 SJ 分享。

01. 翻糖需要對溫度的控制非常精準，才能拉出緞帶般的珍珠光澤。 02. 精修每個甜點的細部，彷彿完成各別單獨的工藝品。 03. 每日至少徹底刷洗廚房兩次以上，包括所有器物歸位，清潔桌面、地板每個角落。

2F 平面圖

04. 廚房工作區圍繞著中間的長形中島工作桌。

廚房分成兩個區塊，一區是有長形中島工作桌的大工作室；另一個靠窗的區塊處理精細的如翻糖技術，在這裡主廚可以避開其他員工專心進行創作。

對外窗

| 噴漆 | 發酵機 | | 發酵箱 |

地板排水

| 烤箱 | 感應爐台 |

工作平台下冷藏櫃

無門檻

水槽

地板排水　工作平台下冷藏櫃　地板排水

四門上凍下藏冰箱

層架

乾貨置物區　工作平台下冷藏櫃

四門上凍下藏冰箱

乾貨置物區

急速冷凍櫃

菜梯

WC　陽台

―――― Store Interior | 3F ――――

01

極簡俐落的空間密語 ▌

　　CJSJ 的一樓主要為商品陳列區、二樓為廚房，三樓則是有一個陽台和大片窗景的悠閒用餐區。為了打造能與戶外環境相融合的室內空間，採用反射光源的柔和壁燈、素白的裝潢配色以及天花板利用鏡子的折射，讓自然光成為室內的主調光源，將視覺的焦點集中在充滿綠意的大片窗景，營造出彷彿身在森林裡用餐的感覺。

　　另外，為了提高補貨與送餐的效率，避免員工反覆往來於三層樓之間，費時費力還可能會碰壞精緻的甜點商品，特別設計了隱藏型電梯，可及時補充售罄的蛋糕，不用忙亂地往返廚房奔波。

02

01. 02.　陽台與室內空間用大片玻璃窗隔開，室內有冷氣，而秋冬天氣較不炎熱時顧客也可以在陽台用餐。

引起話題傳遞口碑

　　為了做出與台灣其他法式甜點店的區隔，CJSJ 法式甜點概念店以「精品、藝術品」作為甜點店定位，形象以極簡、俐落為訴求，不操作浪漫、甜點系等女孩風格，混淆品牌印象。

　　因此，在包裝設計上，敢於投資好的設計團隊，客製專屬於自家，非市售輕易可見的四方型蛋糕盒，而以不規則形體呈現蛋糕盒外型，提供顧客尊貴、獨特、聯想性高的價值意象，不打快速爆紅的速效戰，以穩固蛋糕精品品牌的形象，慢慢累積具高消費力、認同品牌價值的合宜顧客。內用的餐具也由國外進口，刻意選擇白、藍等優雅色系，以留白的極簡概念，呈現甜點鮮明華麗的形象。

01. 不規則的蛋糕盒外型。
02. 內用餐具選擇白、藍等優雅色系，與甜點鮮明華麗的形象作對比。

◆ 營業開銷

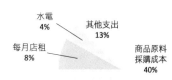

水電
4%

其他支出
13%

每月店租
8%

商品原料
採購成本
40%

人事費用
35%

—— **Product Design** ——

人氣 > *Top 1*

-FROG -

由日本柚子輕慕斯、薑果泥、MEKONGA 奶油
醬、榛果脆餅組成。Mekonga 奶油醬裡面的
Mekonga 是來至 Opéra 巧克力，從越南取得的
高品質可可豆，口味獨特少見。$200

人氣 > *Top 2*

-PINK MAGIC-

CJSJ 主廚的獨家代表作，以魔術帽為創
意發想，拉糖為每日新鮮現做，上架前
即時擺放，維持拉糖的薄脆口感。$200

人氣 > *Top 3*

- 茉莉 BABA-

以 BABA 蛋糕體、茉莉輕慕斯、葡萄柚
柳橙果泥組成，層次豐富有變化性，帶
有微酸的果香與輕盈花香。$200

法式經典的創新顛覆 ▌

　　法籍甜點師 SJ 認為，法式甜點不僅是檸
檬塔、千層酥，而是保留甜點的精髓，由甜點
師重新詮釋。因此，CJSJ 的甜點講求層次，並
將台灣水果或進口果泥，以糖漬、熬煮果醬、
作成果泥等多種製作手法，讓每個甜點皆呈現

同樣的水準與滋味，不會因季節與每批果物的
甜味不同而有所差異。

　　品項每兩個月則全面更新，僅留下經典，
讓顧客不斷上門尋求新鮮滋味。CJSJ 法式甜點
概念店觀察，近期法式甜點的趨勢，多為造型
好看注重拍照卻不在意口味的網美甜點，或是

人氣點心 >>

- 巴黎布列斯特 -

下層看似塔皮其實是泡芙，中間是法式
榛果焦糖醬，外觀再用細緻的榛果甘納
許擠花點綴。$185

人氣點心 >>

–APPLE TART-

將蘋果削成薄如紙張，再捲成圓形，在
香草糖漿烘烤及浸漬一晚。$175

招牌麵包 >>

- 覆盆子玫瑰可頌 -

店家的招牌麵包，採用玫瑰可頌麵團，
結合覆盆子果泥、乾燥糖霜玫瑰，玫香
雅緻，受到女孩的喜愛愛戴。$105

適合送禮 >>

-BONBON CHOCOLAT-

店內供應多款色彩繽紛的手工巧克力，
適合送禮及細細品味，是視覺、味覺兼
具的精緻小品。$80 / 顆

為節省工序，單一慕斯搭配單一蛋糕體，草草
結束的無聊蛋糕，但店家依舊堅持，法式甜點
一定要夠有層次，才是正統的法式精髓。

美味的秘訣 >>

★ 堅守米其林餐廳嚴格標準，甜
點品質穩定，甜度口味一致。

★ 採用法國進口食材，盡可能使
用與法國當地相同的原物料，
呈現零差距法式甜點。

★ 每日限量供應，每兩個月更換
甜點菜色，維持新鮮感。

偏執的甜點狂熱者

開店多年，曾美鹽仍然保有初學者對甜點熱切的學習心，甚至店門一拉，買了機票就衝到國外去上課。她孜孜不倦地精進廚藝和苦心鑽研的特色商品，贏得了甜點愛好者的心跟胃。

-shop-
10

主打法式經典「可露麗」，
製作零時差的手作甜點——

De Canel'e 露露麗麗

銀狐白大理石甜點櫃裡，檸檬塔、芝麻塔各式甜點整齊排列，隔著玻璃櫃望著，直叫人少女心大噴發。六年前法式甜點在台南古都是屬於少眾的異國文化，高檔的印象、精品的品味，相對台南庶民小吃主流而言，無論對飲食習慣或打造品牌的挑戰，都絕非易事。露露麗麗憑藉著一個女孩初生之犢的勇氣，低調而堅持在一波波新式甜點席捲的浪潮裡，保持初心地努力。

Basic Data

店面：台南市中西區府連路 38 號
網址：https://www.facebook.com/De.Canele/
營業時段：平日 13:00 - 18:00 ／週一、二休
客服電話：06-214-1313
店鋪坪數：約 15 坪

—— Creation Story ——

大學畢業考結束後的兩小時，手上已經拿著飛往法國的機票，勇往直前地去追求自己的甜點夢想，她是曾新靈，對甜點懷著強烈的學習慾望。和一般女孩喜歡買衣服鞋包不同的是，她自小就有餐盤小擺飾的收藏癖好，後來只要看到漂亮的餐盤就覺得要放上很好吃的甜點，才能相襯，於是她在學期間頻繁地在台北、高雄等地參加甜點相關課程，對她來說做甜點的時候，便猶如沈浸在幸福中。

曾新靈最初想法是要開設可露麗專門店，在當時可露麗多半是麵包店少量供應的產品，她笑說那時真是一頭熱，甚至為此追隨到可露麗的故鄉波爾多（Bordeaux），也因為專賣可露麗的想法很天真，才會以為自己只需要一個小廚房，但回歸理性與實際面，只有可露麗單一商品，甜點店將難以經營下去，這時她才開始製作其他甜點，陸續加入品項越來越多，例如露露麗麗所推出的第二個產品就是檸檬塔，也是店裡的長青商品之一。

踏上學習甜點的法蘭西之旅

在法國來去兩年期間，曾新靈取得米其林星級主廚進修學院的法國雷諾特廚藝學院（Lenôtre）、巴黎藍帶餐飲學院（Le cordon bleu）以及斐杭狄法國高等廚藝學校（FERRANDI）等證書。那些日子裡，她隨身帶著訂製的可露麗公仔「露仔」周遊法國，每走訪一處就拍下照片，彷彿讓每個甜點都充滿了浪漫故事。

來自可露麗的店名

甜點店取名為「露露麗麗」，De Canelé 法文就是「來自可露麗」的意思，可露麗雖然小而不起眼，但卻蘊含著豐富的滋味與充滿張力的幸福感動，根據她的觀察現在法國很多糕點店都不賣可露麗了，反而是台灣人很喜愛這項甜點。

轉型工作室營運模式
開發品牌多元觸角

從開店初期到現在的經營方向一直在調整適應，露露麗麗定位是法式甜點茶沙龍，店內供應的是法國的瑪黑茶，但其實曾新靈一開始想要賣咖啡，只是店面空間太窄，動線有所限

制，於是店裡的冰滴咖啡器材只好當作擺飾，後來發現原來茶和甜點是最合拍的，不像咖啡味道那麼強烈，反而能更適切的襯托出甜點的香氣與味道。所以從開店以來，縱使常有客人詢問咖啡，她依然不改其志。

歷經六年的營運，露露麗麗今年進行了較大幅的改變，主要是以「工作室」的模式運作，內用、外帶以及蛋糕訂製、品牌茶會私宴各占三成比重。相較於市面上甜點店行銷手法層出不窮，曾新靈原本甚少著墨於此，有了數場品

牌茶會私宴的經驗加值，給了她信心鼓舞，並同步將蛋糕禮盒設計再升級，讓有限的人力，達到最大的收效，期望可提升整體營業額，更重要的是，她希望讓更多的人來認識露露麗麗的法式甜點。

01. 露露麗麗與品牌合作品牌茶會私宴，依照不同品牌會安排設計不同的茶會風格。 02. 可露麗是露露麗麗的名稱由來，也是開店的起點。 03. 不定時推出別具特色的訂製蛋糕，也可以客製化訂做。

—— **Store Design** ——

01

遠離鬧區的低調個性

　　當初選定這處店址，主要是看中這裡不是鬧區，遠離塵世的喧囂，但周邊有台南大學，且便於停車。低調是開店一開始想要的設定，最初連招牌都沒有，而後才有搭配線筆插畫風的白色遮陽帆布，在整排簡鍊的街屋之間，注入一抹甜美可愛的生活感。

　　開店至今有過局部空間變動，包括在門面設計上，原先是半邊落地窗與半邊實木門組成，但為了避免出入口混淆不明確，於是將拉門改成加框設計；內用原有一、二樓座位區，但在考量人力配置增加管理困難，目前僅提供一樓座位區。

01. 店鋪樓上是一家人的居住空間，這裡是夢想小店也是溫馨的家。

簡白主色調為甜點彩度鋪底妝

　　店內風格簡約彩度低，全室以白色主色調，木地板鋪設走道筆直延伸至廚房，前方為賣場，後面是廚房，早期廚房特地規劃整面透明玻璃櫥窗讓客人可以看到甜點製作，不過在眾目睽睽之下，曾新靈容易情緒緊張有壓力，後來只好將櫥窗尺寸縮小，讓她能自在做出好吃的甜點。

　　除了曾新靈本身偏好白色帶灰黑的色彩，簡白的餐盤也能讓甜點更加分，以最近在法國非常流行的銀狐白大理石，露露麗麗早在六年前就是愛用者，一進門就看見銀狐白大理石甜點櫃，優雅大器質感出眾，造明設計聚焦在一盞新古典風格的吊燈上，牆上的冰滴咖啡壺、小銅鍋當作裝飾，國外收藏小飾品在木作層架上擺飾展出，整體擺設營造了居家溫馨氛圍。

02. 櫥櫃裡放著曾新靈的各種小收藏品，店鋪的座位區不多，空間主要留給在櫃檯挑選甜點的客人。 03. 一進門就看見銀狐白大理石甜點櫃，優雅質感出眾。

—— **Kitchen Design** ——

器材以機型換取空間 ▌

　　由於露露麗麗店面是新成屋，原本格局僅有 4 坪廚房空間，在不刻意變動格局的前提下，必須使迷你廚房短小精幹，所以只能往器材配置精簡的方向規劃，在事先選定所需的廚房設備之後，才進行空間測量作業，包括工作檯完全量身訂製，而非採用系統家具改造，並以ㄇ字型的空間配置，圍塑出以中島為核心的工作檯，創造一人工作室的流暢動線。

　　塔類甜點是露露麗麗的重點商品，與其相關的器材份量不容小覷，例如丹麥壓麵機是製作千層、塔皮不可或缺的基礎，卻是相當占空間的設備，曾新靈一開始就決定以機型換取空間，選用了瑞士 RONDO 桌上型雙面壓麵機，工作檯面總長 1550mm，正好可放在冰箱上，不僅節省空間，拿取原物料流程也更加順暢。

　　與坊間塔類甜點不同的是，露露麗麗的塔皮特色強調薄脆口感，製程上不用攪拌機打麵團，而是使用 Robot Coupe 調理機，能夠乾打均質細碎食材。工作檯面上鋪設黑色大理石，則是為了巧克力調溫效果，因為大理石材質導熱緩慢，巧克力放上去不會立刻降溫，而能保持最佳品質。

收納分類與物歸原處的廚房守則 ▌

　　受限於空間窄小，收納顯得格外重要，磁
性刀架、甜點刷掛鉤等等，物歸原處是廚房守
則之一，另外廚房清潔是每天例行事務，尤其
甜點油質多，特地安裝高壓水柱以熱水清洗甜
點機具；在廚房一直做重複的事情，加上出餐
的壓力，廚房會播放森林流水鳥蟲鳴聲讓廚房
人員心情放鬆。

01. 露霜麗麗的塔皮特色強調薄脆口
感，每片塔皮控制在一定厚薄，甚至還
能透光。02. 瑞士 RONDO 桌上型雙面
壓麵機，可伸縮長度利於收納。03. 04.
Robot Coupe 調理機，能夠乾打均質細
碎食材，作出塔皮的薄脆口感。

05. 內場採口字型空間配置，以中島的工作檯為
核心，創造流暢的動線，移動式的層架，在狹
小空間中可以靈活運用。06. 07. 牆面利用吸盤
小工具放置小工具，所有空間角落都徹底地使
用。08. Mascarpone 起司盒，用完洗淨後可以
拿來秤重。

—— **Visual Design** ——

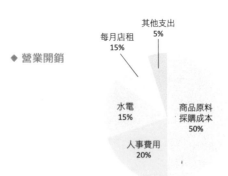

銀狐大理石圖案蛋糕盒襯托質感

　　法式甜點猶如精品藝術，包裝設計也要相等匹配的格調質感。蛋糕盒與手提紙袋套用銀狐白大理石圖案，與店內甜點櫃主視覺相連結，蛋糕盒內附上文字的用意，藏著一份只有打開才能發現的心意，而在成大建築系畢業的丈夫建議之下，蛋糕盒結構加強底版硬度與厚度，放入蛋糕或塔類甜點可以更穩固，看起來猶如一個畫框的設計形象。

　　另外在 LOGO、DM 設計上，依照曾新靈偏愛的可愛風，名片有多款代表，全都是露露麗麗的經典甜點，波爾多可露麗、法式檸檬塔、法式藍莓塔、香緹草莓塔在插畫手法表現下，提供了收集的樂趣。

◆ 營業開銷

其他支出 5%
每月店租 15%
水電 15%
人事費用 20%
商品原料採購成本 50%

01. 蛋糕盒結構加強底版硬度與厚度，放入蛋糕或塔類甜點可以更穩固。02. 以多款露露麗麗經典甜點為造型的名片。03. 蛋糕盒與手提紙袋套用銀狐白大理石圖案，與店內甜點櫃主視覺相連結。04. 05. 蛋糕盒底部有一個防撞的大理石紋櫃面，蛋糕放進盒中看起來猶如一個畫框。06. 為防止電腦螢幕與實體包材的顏色物差，使用色票本來判斷實際印刷時的顏色。

不斷精進改良的美味 ▎

　　露露麗麗的店名就是由可露麗而來，當然顧客也認準了這個招牌商品，常常來店就是要點這項商品。於是曾新靈也對自家的可露麗煞費苦心，配方也經過了無數次的調整，使用了 3 種酒調製，進口的大溪地香草莢會先浸泡在酒液中，這是讓可露麗香氣蓬發的美味秘訣。僅管工序繁複，但曾新靈仍不斷在精進改良，她笑著說：因為可露麗太有「個性」了。可露麗除了配方還有烘焙時的技巧，連天氣都是影響味道的一大關鍵，外脆內軟的口感才能合乎標準。

　　從學生時代就熱愛學習烘焙，到現在開店多年，曾新靈仍然保有初學者對甜點熱切的學習心，時常參加進修課程，為了能跟國際級的烘焙大師學藝，她甚至店門一拉，買了機票就衝到國外去上課。露露麗麗不是以營利為導向的店家，但曾新靈對於研究甜點孜孜不倦的心和苦心鑽研的特色商品，贏得了甜點愛好者的心跟胃。

07. 可露麗使用了 3 種酒調製，進口的大溪地香草莢會先浸泡在酒液中。 08. 因為店名的關係，顧客來訪也都會詢問這項熱門商品。

07

08

—— Product Design ——

人氣 > *Top 1*

- 日式芝麻塔 -

在法式甜點裡帶入日式風味，同樣以歐牧生鮮奶油、手作法式塔殼為基底，日本芝麻作為主軸，內餡包裹了香脆夏威夷豆，讓人一口咬下有畫龍點睛的驚喜感，芝麻香味濃郁而不死甜。$170

人氣 > *Top 2*

- 大溪地香草檸檬塔 -

三種不同風味的檸檬，榨汁、削皮後，與台灣石安牧場勳福蛋、大溪地香草細火手煮熬成有自然光澤的檸檬餡，再由法式手作 sablé 塔殼盛裝，入口後散發出自然的檸檬香，酸得夠力道。$170

人氣 > *Top 3*

- 美瑛之丘 -

由北海道的天然乳酪為主軸，蒸烤成輕柔的乳酪蛋糕，風味簡單純粹，口味清爽，猶如入口即化般的細緻口感。$250

講究減法的乳酪研究家

「這是一家生活藝術的甜點店，而不是蛋糕店，也不是那種看了想要一直拍照的店」，曾新靈說得直白。法式甜點的靈魂在於簡單的滋味、純粹的表現，以甜點裡的原物料做裝飾，不似日式洋菓子的花俏，比如檸檬塔就是新鮮檸檬煮出來的內餡，蒙布朗就是一顆栗子作為代表，不著重突顯太多層次，造成吃不到食材本身的味道。

本著對甜點的堅持，捨棄預拌粉與人工植物性鮮奶油帶來的方便，嚴選法國與日本進口的頂級食材，並結合台灣物產豐饒的好食材，

招牌明星商品 >>

- 波爾多可露麗 -

來自波爾多修道院的傳統點心，當新靈
選用了台灣食安動福蛋、日清紫羅蘭麵
粉、鮮奶、大溪地香草莢、蘭姆酒等食
材，烘烤半成再與大溪地香草一起蘿香
烘焙，由於堅持品質，數量有限故每日
限量生產。。$55

節慶預定 >>

- 法芙娜巧克力胡桃布朗尼 -

由三種不同濃度的法芙娜巧克力、法芙
娜可可與胡桃粉，製成充滿堅果香氣和
乾果香氣的巧克力蛋糕，濃郁的法芙娜
巧克力滋味是巧克力控的極致追求。
$980/7吋

經典法式甜點 >>

- 安潔栗娜萌布朗 -

以法國 Sabaton 栗子泥、手煮卡仕達、
歐牧生鮮奶油等食材特製法式小蛋糕，
與大溪地香草香堤襯托法國三種不同口
感的栗子，纏繞如絲般的造型宛如藝術
精品。$195

適合送禮 >>

- 法式手工馬卡龍 -

色彩繽紛的馬卡龍，內餡是用天然的白
巧克力製成，由頂級食材注入風采，大
溪地香草、西西里開心果、北海道道南
乳酪等，或花香系列如紫羅蘭、有機玫
瑰。味覺與視覺雙重療癒。$60-100

一切手工新鮮製作。單以波爾多可露麗來看，
經過 24 小時靜置熟成，將香噴噴的麵糊倒入
熱溶過一層散發淡淡蜜香的 cire d'abeille 的法
國銅模後，進入烤箱慢火烘焙。全程緊盯狀態
注意烤箱溫度，並注意轉盤，直到麵糊外層被
銅模漆上一層焦糖暗褐色後，方可出爐。屬於
法式甜點的藝術，是一種骨子裡的風情。

美味的秘訣 >>

★ 可露麗的酒香很重要，加勒比海蘭
姆酒裡泡香草，煙燻風味更突出。

★ 法式手作 sablé 塔殼越薄，口感越
酥脆，丹麥機可以壓到 0.1cm 薄度。

★ 使用日本進口的胡麻油，以及日本
歐牧鮮奶油、法國 ISIGNY 鮮奶油，
讓蛋糕吃起來清爽不甜膩。

歡迎光臨幸福小店

無論嗜甜能在淡江旁開業多久，曾經的顧客、為店裡付出的員工，都會是我們一輩子的好朋友

平價親民的學區型小店，
凝聚夢想的甜點補給站——
嗜甜烘焙工作室

淡江大學旁的金雞母社區裡，有一間小小的甜點工作室
——「嗜甜」，陪伴著淡江學生，在每個被學業、友情、
愛情困惑的時候，嗜一口甜，再度展開笑顏，而那位會施
展魔法，創作新鮮手工甜點的老闆，同樣出生淡江，它是
娃娃臉男孩——店主 Max（店裡熟客叫他肉圓）。不大的店
鋪僅有幾個座位區，但一波一波的人，隨著下課聲響，不
約而同得來到這裡，價格親民的嗜甜就像學生們的甜點合
作社。

Basic Data

店面：新北市淡水區北新路 184 巷 142 弄 23 號
網址：https://www.facebook.com/sugarholic.tw
營業時段：平日 13:00-21:00 ／ 週末 14:30-21:00
| 寒暑假＆春假期間可能有所異動，請參照粉專公布 |
客服電話：02-8631-9260
店鋪坪數：一樓 約 11 坪／地下室座位區 約 10 坪
　　　　　　地下室倉儲區 約 20 坪

—— Creation Story ——

曾就讀淡江化學系的 Max，就學期間，就常窩在淡水一帶的咖啡館看書、享受休閒時光，逐漸，開始對咖啡上癮，並在熟識店家「石牆仔內咖啡館」老闆娘的鼓勵下，在店內邊打工，邊嘗試替店家製作佐配咖啡的簡單甜點，並經由咖啡迷、熟識店家的介紹，有了供應其他咖啡店家甜點的短暫機緣。

20 萬奇蹟創業

當兵前，因尚未摸索出未來的路，Max 便前往美國短期打工，想多吸收些服務業的專業知識，回國後，踏上知名服務餐飲業，蓄勢待發想發揮長才。只是，不良的餐飲業充滿許多錯誤觀念，像是要員工先打卡下班，卻持續加班壓榨員工；或是內場無主廚，僅是學徒在出菜，毫無專業與品質可言。看不慣公司做法的 Max，就在友人的鼓勵下，興起創業之念，

想在喜歡且熟悉的淡水租個工作室，回到老本業，繼續製作供應咖啡廳的美味手工甜點。

但，浪漫的夢想依靠著自己存款加上親朋好友的募款，僅僅 20 萬現金，扣掉 7、8 萬的烤箱支出，及 3 個月的房租押金，開店根本是天方夜譚。初次開店的 Max 抱著單純的想法，想著：只要能繳出下個月租金，我就能過活！但實際卻發現，店面用大電、管線、簡陋的裝潢都是大開銷，於是提出企劃案，向親朋好友募集物資：桌椅、電燈、音響、杯盤等，靠著好人緣的支撐，大膽開了甜點工作室。

01. 位在大樓邊角位置的「嗜甜」，有兩面對外玻璃窗，採光良好，缺點是西曬嚴重，若沒有遮雨棚，下午店舖將直曝太陽光下。02. 離開學校創業多年，Max 依舊像個學生一樣，對新事物都積極嘗試與學習。03. 戶外請木工朋友釘造網架子，上面吊掛蕨類植物等盆栽，隔出一塊座位區不受行人干擾。04. 店貓嘆嘆是開店後某個風雨夜來到「嗜甜」。

體貼學生荷包
奮力支撐的良心甜點 ‖

　　原先規劃供應給其他咖啡店的手工甜點，因有太多學生衝進工作室內詢問：「你們的甜點可以買嗎？」，讓 Max 開始以平實的價格，在店內小量試賣外帶甜點。因用料實在且價格好入手，店內顧客越來越多，產量需求更大，讓 Max 有過 3 天僅睡 6 小時的嚴重身體失衡。

　　直到，寒假來臨，甜點店的初次淡季之時，「嗜甜」開始調整通路製作比例，把重心慢慢移回到製作自家店面的甜點，減少替他店客製蛋糕的數量。再者，增加店內人手，消化一人應付不來的大量人流。總算在開店一年後，店內營收及人手穩定，Max 得以從日日焦慮之眠的狀況解脫。

學區旁的幸福小店
隨時歡迎光臨 ‖

　　創業至今五年的時光裡，甜點原物料成本歷經幾波大漲幅，但因店址位於學區，學生能負擔的消費有限，Max 想讓甜點更親民，因此，價格設定落在 75 ～ 120 元之間、無低消、用餐時間限制就是想讓學生及鄰近的居民，有間舒服、能輕鬆吃甜點，不怕荷包失血的社區小店。

　　「嗜甜」的工作夥伴，大多是主動上門應徵，來自淡江大學的在學學生，與顧客群更有話題，讓店內氣氛更熱絡。Max 堅信，開店當老闆，就是要對員工有 100% 的信任，提供員工嘗試、犯錯、體悟的寶貴經驗，同時，時機到了，也要鼓勵員工向外發展，追求真心想做的事情。「無論嗜甜能在淡江旁開業多久，曾經的顧客、為店裡付出的員工，都會是我們一輩子的好朋友。」Max 分享。

—— |Store Design ——

01. 「嗜甜」位在鄰近淡江大學的
小社區，學生常利用下課時間來購
買甜點。 02. 因為 1 樓空間不夠，
座位區規劃成靠窗的高腳座，讓空
間不至於太擁擠。

敦親睦鄰的社區小店 ▌

　　因店長喜歡淡水，店址選擇鄰近淡江大學附近的小社區，除了考量能降低開店租金成本外，更能與熟識的店家熱絡互動，彼此交流與幫助，互相引導人流與客源，帶來雙贏的成效。像是，若有臨時不足的食材與包材，或需大量添購原物料，都能靠著互信的關係協助，達成大量採購而降低營運成本。

　　此外，店址旁的道路為部分淡江大學學生必經之路，開店初期即能立即引發學生對新店面的好奇心，靠著口耳相傳，能在短時間內造成話題，縱使無刻意宣傳，也能快速累積「嗜甜」的知名度。

04

平價定位主攻學生客群

　　「嗜甜」以平價手工甜點為定位，空間上以清新、簡單的混搭風，吸引年輕的學生族群。學生對於甜點店的需求，第一考量是「價錢」能否能負擔，「嗜甜」曾將甜點櫃嘗試擺放於店內的各個區域，靠窗太近會被陽光直射，讓甜點失溫，影響品質並提高耗損率；但若置放得太內側，則無法讓過路客一眼看出「今日上架的甜點與價位」，讓學生族群質疑價格昂貴，導致不敢上門消費的誤解。修正多次後，最終發現，甜點櫃需置放於從大門就能看到的位置，便於顧客能立即理解，才有引導消費的可能性。

05

04. 甜點櫃放在過路可見，但又不會被太陽直曬的位置。05. 為學生客群提供平價的商品。

—— **Kitchen Design** ——

01　02

迷你廚房作戰術 ▍

　　因一樓店面空間有限，需保留部分座位供顧客內用，考量整體達到營運平衡，廚房則設計為開放式空間，以狹長型工作桌與甜點櫃做出內外場區域分隔，同時，思考到製作甜點時，工作桌上常發生食材散放於桌面，視覺不那麼美觀的畫面，則以咖啡機、裝滿咖啡的玻璃罐些微遮擋工作區，保有對甜點的浪漫與想像。

　　再者，因廚房可運用空間極小，規劃上則以「省空間」為優先考量。廚房區運用大量木板釘掛於牆面，當大小器具使用完畢後，能立即清洗曬乾，收納迅速且省力省錢；釘掛於牆面的木板也經多次嘗試，重量過輕、過重都有懸掛上的困難與問題所在，店主 Max 建議以二手木板為入門款，將開甜點店的費用投資在最重要的烤箱上，畢竟小型創業資金拮据，把錢花在刀口才是正確之道。

Kitchen Design

01. 拼成長型的工作桌，左半部是烘焙工作區，右半邊是咖啡吧檯。02. 烤箱位置經過移動，從冷氣口下方移開，以免烤箱熱氣上升，讓冷氣「永遠吹不冷」。03. 在置物架最高處特別設置烤盤擺放區，既方便拿取又可以讓高處空間得到最好利用。

04. 內場廚房與外場店面用層板和機器適住隔開，營造出半開放式空間，方便隨時與顧客應對。05. 用舊木板釘出來檯面層板，方便收納使用，也營造出古舊物雜貨風。

—— **Production Process** ——

妥善安排工序、依序生產

嗜甜因為廚房空間小，加上製作蛋糕的人手目前就只有店主 Max 跟店長兩人，而且一天通常要做 20 到 30 個蛋糕，忙的時候甚至要做到上百個，這時候如何安排工作流程就變得相當重要。不僅製作每個品項都有一定的工序，每一個蛋糕種類的製作順序也很重要。

例如要先做生乳酪再做起司蛋糕，如果反過來的話調理盆和攪拌缸就會碰到生蛋而產生衛生方面的問題。再比方說生乳酪蛋糕的話，會先做檸檬口味，再做野莓口味，因為野莓會讓攪拌缸染色，所以如果順序不對，就要花很多時間做清潔，相反的如果調整安排出適當的程序就能夠事半功倍，小小廚房與簡約人力也能達到最大的產能。

01. 使用時會使用大量器具，清洗時間也要算入製作時間中。02. 考慮攪拌缸碰觸生蛋的問題，同一種類商品要一起製作。

◆ 營業開銷

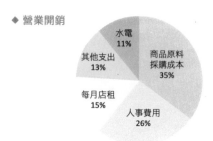

水電 11%
其他支出 13%
商品原料採購成本 35%
每月店租 15%
人事費用 26%

03. 「嗜甜」原本叫「嗜甜點」，後來發現「嗜甜」念起來比較順。04. 嗜甜的木頭叉子。05. 名片裁成一般名片大小的一半，十分小巧可愛。

引起話題傳遞口碑 ▌

「嗜甜」的主要顧客為學生，為降低一切開銷，反應於售價上，盡可能精簡包材上的支出，但為做出特色，叉子特別向前輩請教，找到一款造型可愛的木頭叉子，做為外帶時的小小驚喜，讓學生在享用時有話題討論，並提升「嗜甜」的辨識度。

每天上架的甜品都會些微調整，還有不定時推出的新品和季節特殊商品，營造神秘與期待感，並藉由網路與學生們的親切互動，讓學生們對店家產生情感與信賴，口碑相傳推薦親友或同學上門消費，讓無行銷預算的小店，成為淡水區獨樹一格的學生最愛店家。

—— **Product Design** ——

人氣 > *Top 1*

- 檸檬塔 -

法式甜點的經典之作，酸甜度適中的檸
檬內餡，配上手工製作的酥脆塔皮，是
夏季的銷售紅牌。$65

人氣 > *Top 2*

- 藍莓香草卡士達 -

進口藍莓鋪滿香草卡士達塔，每一口能
嚐到富有水分、甜而飽滿的藍莓果實，
是視覺與口感都誘人的人氣品。$100

人氣 > *Top 3*

- 焙茶起司 -

香氣濃厚的焙茶與起司的創新組合，兩
者相互搭配帶出回甘茶香，是市面較少
見的獨特組合。$95

手作樸實的平價小確幸 ▌

　　考量學生族群荷包有限，「嗜甜」以「能
負擔的手工甜點」為產品定位。像是研發時
首重成本，歐系乳酪、奶油等食材，利用大量
採購來降低成本。水果則使用台灣當季新鮮水
果，但有些水果像藍莓較適合的產地是美國、
加拿大或智利，就會使用進口水果，品質優良
價錢也不會過高。此外，設計適合宅配，無鮮
奶油裝飾、較耐放的乳酪蛋糕類商品，口味、
品質則不易受到時間及運送上的影響。

—— Product Design ——

獨家口味 >>

- 焦糖海鹽戚風 -

新鮮製作的蓬鬆戚風蛋糕體，搭配微苦
的焦糖及微鹹海鹽，表面撒上杏仁片，
增添堅果香氣與脆脆口感。$100

季節限定 >>

- 芒果生乳酪 -

台灣人最愛的芒果搭配歐系乳酪，生乳
酪重視新鮮且飽含水分，適合春夏享用
的清爽滋味。$85

穩定長銷 >>

- 野莓生乳酪 -

進口野莓混合生乳酪蛋糕糊，咬下有酸
甜的莓果果醬，底部還能嚐到香脆餅乾
底，口感豐富多變。$85

學生族群 >>

- 提拉米蘇生乳酪 -

學生最愛的雙重饗宴，提拉米蘇風味 X
生乳酪蛋糕，一次嚐盡兩款經典甜點。
$95

　　陳列技巧上，盡量將不同顏色交錯擺放，
用五顏六色吸引顧客目光，整模陳列、切片陳
列也有不同效果，若甜點櫃內的甜點種類變少
時，可佐配顏色相對繽紛的甜點坐落於其中，
讓其成為引路員的身分，提升其他甜點銷量。

美味的秘訣 >>

★　**手工新鮮製作，使用天然香草
　　香料，安心樸實。**

★　**水果與乳酪的混搭之作，口味
　　選擇多，適合愛嘗鮮的學生族
　　群。**

★　**價格平實，多款皆為百元以下，
　　消費更無負擔。**

每一份甜點傳遞的堅持

「我住在山上，每年暑假都會看到土石流，那個畫面深深影響著我，我想用甜點替自然界發聲。」

獨一無二的甜點創作，
在都市裡為自然發聲──
河床法式甜點工作室

在信義安和路捷運站附近，有著一間被蕨類擁抱、滿是綠意的人氣甜點店──「河床法式甜點工作室」。2015 年從從山上極小的自家廚房起家，一路累積出超高人氣，成為FB 按讚數破 8 萬、IG 熱門打卡網紅甜點店，被甜點控認定：「在台北，吃過河床甜點才有資格稱為甜點迷！」

Basic Data

店面：台北市大安區信義路四段 400 巷 6 弄 2 號

網址：https://www.facebook.com/patisserieriviere/

營業時段：平日 12:30-19:00 ／週三、四休

客服電話：02-2709-2123

店鋪坪數：約 40 坪

現年 24 歲的主廚黃偈，笑容可掬相當有
親和力，像個大男孩的形象。但在談論到他所
在意的議題時，原本溫和的神情會因為專注而
顯得嚴肅起來。他在社會、時事、尤其是環保
議題有很深的感觸，而這些想法也融入到了河
床的甜點之中，透過一個個美味小巧的糕點傳
遞給客人。

甜點的幸福感發酵

就讀於森林學校讓黃偈有個和一般小孩不
一樣的童年，這些親近山林的日子帶後來帶給
他許多創作的靈感，創作出如土石流、酸雨還
有黑熊等人氣甜品，而他的甜點之路也是從那
裡開始的。黃偈說在山裡的生活較為簡樸，沒
有便利商店、沒有夜市，當然也沒有零食和甜
點，十五歲時他第一次嘗試用學校裡的舊烤箱
作出一個蘋果派，與同學一同分享，很快地得
到劇烈的回饋。同學的笑容、幸福的表情讓他
深受感動，開始對甜點產生了興趣。後來更矢
志成為一位專業的甜點人。

黃先生的甜點日記

黃偈靠著自學製作的甜點，並用臉書分享
自己製作甜點的點滴心路歷程，開啟了少量
的接單訂製工作。他還收藏著一百張一開始做
客製化的蛋糕照片，那一百張照片代表的是那
一百位顧客的故事。黃偈透過了解別人的故
事，也分享自己的故事，讓粉書專頁「黃先生
的甜點日記」獲得了許多迴響與回饋。每賣出
一個甜點，客人的回饋更讓他堅信甜點之路。

01

於是當年僅 20 歲的他，不走尋常念大學然後
出社會工作的路，毅然決然去法國進修。

大自然輕聲訴說　森林裡的幸福模樣

習藝的過程中，黃偈遇到興趣相投、有著
相同價值觀，同為台灣人的亨利，兩人便在研
修結束後，返國合作創業開甜點店。吃遍法國
甜點的黃偈與亨利思考，法國的甜點都很有創
作者的個性，一看就知道是誰的甜點，兩人也
想開有著自己靈魂的甜點店，那時，黃偈想起
兒時最難忘的記憶「我住在山上，每年暑假都
會看到土石流，那個畫面深深影響著我，我想
用甜點替自然界發聲。」於是，便以自身關注
的「大自然、環境保育」為創作甜點的外型主
軸，發想出一連串的系列甜點。

因創業資金有限，店址選擇在黃偈位於山上的的自宅廚房與房間改建而成，想透過從山下等車、慢慢緩步登階，讓客人在吃甜點前感受芬多精的身心洗禮。隱密的店址與獨特森林系甜點外型，讓「河床甜點」開店的消息一下在網路爆紅，預約電話時時爆線，超載的客人嚴重影響住戶安寧，黃偈與亨利決定，帶著對「環境保育、森林系甜點」的初衷，走進喧鬧的城市，持續訴說自然界的故事。於是，2016年將新店址設在熱鬧的信義區，希望更多顧客能邊品嘗甜點，邊思索人與大自然間的關係。之後亨利回到了家鄉台南，2017 年以同樣的精神開設了屬於自己的甜點小店「海丘甜點工作室點」，將理想傳遞給更多人。

極簡垃圾之道　環保的誠心初衷

從對自然的反思來創作甜點，「河床甜點」希望將製作與販售甜點所產生的垃圾降至最低，店內規定外帶需自備餐盒，但在經營的現實面上，環保的良意卻造成部分過路客、忘記帶餐盒的顧客反感，連帶影響營收，也讓「河床甜點」不斷思索，如何取得環保與穩定經營間的平衡。

在歷經短暫關店重新整頓後，「河床甜點」調整人事、增加座位空間，並為忘記帶餐盒的顧客，提供可購買環保餐盒的選擇，在方便顧客與堅持自己的理念之間取得平衡點，而黃偈也依舊維持初心，堅信環保才是永續，持續用自家的特殊造型甜點替自然發聲。

01. 「河床」主廚黃偈用甜點為環保發聲。02.「河床」的甜點造型特殊，地質學家就是以「地形」、「岩石」為發想。

────── **Store Design** ──────

01. 店舖裡的各種蕨類植物是主廚黃偈的母親用心佈置照顧。 02. 蕨類植物與漂流木，點綴裝飾出城市裡的一塊自然空間。 03. 往洗手間的走廊旁，在牆面吊掛許多故事卡片，讓有人排隊等候時不會無聊。

寫給城市的森林情書 ▮

在由自家廚房改建的甜點工作室人流不堪負荷後，考量到租金成本與消費客群，相對能接受較高的單價且租金尚能負擔，便落腳於熱鬧的信義區巷弄，透過第一線接觸市中心顧客的機會，以美味甜點傳遞環保議題。

店面結構上，因格局自帶小陽台，可欣賞街景人流，且地點位於轉角處相對明顯，自巷頭走到河床，只需短短數分鐘即可抵達，對於按圖索驥而至的網友，甚至過路客，都能更友善、快速地找到河床。

整體店鋪規劃為，入門左手區為開放式廚房、蛋糕櫃，右手區為用餐區，左右兩區以具穿透感的開放型木架分隔，保留空間的寬敞感，同時區隔點餐及用餐環境，營造更舒適而不被打擾的寧靜享受。空間則以蕨類植物、木枝裝飾牆面，讓視覺感受更自在放鬆，與盤上的甜點相互映稱，共創森林感的浪漫寫意。

04. 可供多人聚會使用的座
位區。05. 蛋糕櫃裡放置
限量的甜點，菜單每日會
有些微調整。

移居城市的自然空間 ▮

　　純白、植物綠與原木色三色交替，將整間店的主力視覺留給蛋糕櫃表現，特製陳列木櫃增添甜點的溫暖手作感，橫長式蛋糕櫃成為店內的最佳舞台，搭配不同時節的造型甜點，讓甜點在冰櫃中繽紛歡唱，如同欣賞山中之花果，鮮豔絕美，自然生長。

　　為讓訴說自然議題的手作甜點發揮更大的想像空間，店鋪大量使用植物、二手木頭家具、撿回的漂流木等自然質材物件，改良成符合店內功能的實用道具，讓顧客踏進「河床甜點」，很自然地與森林產生聯想，多一層對地球環境的反思與理解。

　　此外，因店址位於繁華鬧區，偶有聚會、用餐人數較多的需求，空間也刻意隔出雙人區、多人聚會區，讓彼此皆能盡情享用，互不干擾更自在。

—— Kitchen Design ——

 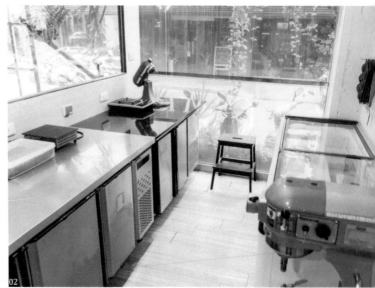

01　02

迷你空間的高效分隔術

　　在寸土寸金的信義區中，能提供給廚房運用的空間有限，擅用空間成了重要的知識技術。除了大型機具：急速冷凍櫃、丹麥機等機器受限於用電，需放置於電力符合的區域外，廚房大致區分為兩區。一區靠內，製作較基礎、日常、例行的甜點基底〈如塔皮、餅乾類〉；另一區則為開放式廚房，提供主廚設計菜單，或烘焙較為細膩的馬卡龍等精細甜點，兩區中透過小窗設計，可適時流通食材或工具，卻不打擾兩間流程進行，分區分工，工作更專注讓效能更高。

　　此外，為節省收納空間，使用後的工具，採吊掛式收納於鐵架上，一方面快乾利於下回使用，二方面更利用閒置的牆面空間，同時讓工具一目了然，省下翻找時間，能更集中精神製作甜點。

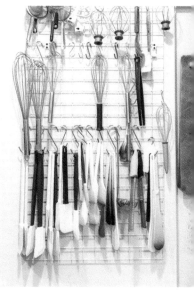

01. 烤箱是主廚自宅做甜點就慣用的器具。 02. 廚房劃分為兩個區塊，前面區域用透明玻璃和前面店舖分隔開來，主廚常在這裡進行甜點創作的發想。 03. 廚房的第二區塊放置了較多的機器器材，空間較大可以容納較多人手。 04. 利用網架掛勾輕鬆整理廚房工具。 05. 顧客可以透過玻璃看到廚房製作甜點。

社群互動形塑品牌形象

「河床法式甜點工作室」從網路起家，抓準網友喜好與心態更是一門重要學問。不定時在 FB、IG 舉辦互動活動，像是請網友拍下河床用餐的甜點照，獲選者可免費兌換甜點一份，或是來店可蓋印河床專屬小印章等等，透過有趣的互動小遊戲，增加與網友們交流接觸的機會，藉由回饋來修正活動的內容，越參與就越能累積對店家的好感與信任度，藉此培養品牌忠誠度。

同時，擅於寫文章的主廚黃偈，也會不定期在 FB 發表甜點創作故事，讓來店內享受甜點的朋友，更進一步了解創作心念，信任店家的價值觀，長久支持有信念的獨立小店。

01. 儘量減少不必要的裝飾耗材以響應環保，所以蛋糕插牌只提供給想要收藏作紀念或拍照的顧客。

◆ 營業開銷

其他支出 5%
水電 5%
每月店租 10%
商品原料採購成本 40%
人事費用 40%

追求理念不隨波逐流 ▌

　　近年來人事費用逐年高漲，法式甜點又是物料成本與人工費用極高的商品，經營一家法式甜點店非常不容易。主廚黃偈也表示，雖然大眾對於甜品的需求，無論在品質或是精緻程度上都有提升，但法式甜點仍屬於高單價的商品，供需量到達一定量以後，就比較難有成長。面對淡季或客需量沒那麼高的時後，河床採取增加店休日，目前週三與週四不營業，讓想吃甜點的客人集中在其他營業日，就可以省下人力物力，而將充足的資源集中在主要的營業日提供給客人。

02. 不提供免洗餐具和餐盒，沒有自備餐盒的顧客可以向店家購買環保餐盒。
03. 04.「河床」供應的茶品，提供給來店內用的顧客。

　　另外，經營甜點店而設計規劃出舒適的空間與用心維護良好的用餐環境，但卻不想將這些店面成本反應在甜品的單價上，所以河床也提供了另一種解決方式，就是規定每位客人的低消是點飲料 1 杯，來折抵內用時的環境維持費用。也許這樣的作法無法迎合所有的顧客，但卻能給認同河床理念而來的顧客們最好的品質與環境。

—— **Product Design** ——

人氣 > *Top 1*

- 檸檬塔 -

河床甜點的鎮店之寶，以黃檸檬與日本
柚子製成內餡，搭配底部酥粒，是店內
中的經典之作。$200

人氣 > *Top 2*

- 地質學家 -

外型以地形、岩石為發想，整體為黑芝
麻口味，以香蕉、百香果襯出甜點層
次！$215

人氣 > *Top 3*

- 黑熊森林 -

由錫蘭紅茶白巧克力慕斯、蜂蜜炒蘋
果、杏仁蛋糕、錫蘭紅茶米香組成，每
賣一塊，捐 5 元給保育黑熊相關單位。
$220

人氣 > *Top 4*

- 圓環 -

法式草莓蛋糕的創新版。由杏仁蛋糕、
草莓果醬、香草慕斯琳、瑪斯卡彭香緹，
少女必吃浪漫甜點。$200

獨具特色的森林系甜點

　　「河床甜點」的特色在於，外型辨識度
極高，能讓人一眼就看出「這是河床家的甜
點！」，運用大自然常見的元素：岩石、黑熊、
火山、水果等，以大家共有的自然界意象創作
甜點，讓甜點造型與眾不同，做出與其他甜點
店的差異，利用吸睛外型打開顧客對甜點的好
奇與嚮往，透過甜蜜的滋味傳遞相對嚴肅的議
題：環保、動保等資訊，取得營運與理念之中
的平衡點。再者，夢幻的造型讓顧客在享用前
忍不住拍照打卡，成了店內的免費行銷。

—— Product Design ——

在地食材 >>

環保議題創作 >>

- 百果山樂園 -

薰衣草慕斯 x 紅心芭樂奶餡 x 糖漬洛神
花，薰衣草尾韻接續紅心芭樂香，品嘗
頗有驚喜。$205

- 酸雨 -

由伯爵茶蛋糕、黑巧克力伯爵慕斯、佛
手柑奶餡、巧克力脆餅、伯爵茶布蕾組
成，外型呈現如酸雨模樣。$240

季節商品 >>

- 大阪聖誕 -

充滿聖誕配色的對比美學，抹茶 x 草莓
的完美之作，抹茶苦與草莓果酸相伴，
能憶起去年的聖誕之夜。$235

　　每季更換甜點品項，以當季顧客想吃的口
感與滋味〈夏：清爽酸甜、冬：濃郁甜蜜〉
創作甜點，每個月就有新品可嘗，吸引新客嘗
鮮，同時讓舊客回流，靠新鮮感來穩定客源。

美味的秘訣 >>

★ 選用法國當地奶油、鮮奶油及進口果泥，呈現法式甜點的正宗風味。

★ 以台灣在地水果組配進口果泥，創造經典與創新間的絕妙想像。

★ 以手工裝飾每塊蛋糕，造型獨特刺激味蕾，從視覺就勾人入魂。

Color Code 幸福的甜點店

透過甜點作為媒介，用更生活化的甜點介質，延續自己的社工心念。

-shop-
13

3 坪小店鋪勇闖師大商圈，
以社工魂出發的真情甜點——
Color C'ode 凱莉小姐

台電大樓捷運站旁，有一間 3 坪大的迷你甜點店——Color
C'ode，在喧鬧的馬路轉角處，每日迎接著喜愛甜點的顧
客上門。店主凱莉與主廚 Sam，兩人靠著相似的社會服務
背景，以真情互動與美味甜點，累積出一票女孩的友誼相
挺，成為以「社工魂」傳遞幸福的甜點店。

Basic Data

店面：台北市大安區羅斯福路三段 107 號

網址：https://www.colorcode.com.tw/

營業時段：平日 12:00 - 20:00 ／五、六 12:00 - 21:00

客服電話：02-2364-9777

店鋪坪數：約 3 坪

—— **Creation Story** ——

兩個對的創業者　在對的時間相遇 ▌

　　大學就讀於社工系的凱莉，因喜愛烘焙，常利用閒暇製作甜點，分享給家教學生、三五好友品嘗，逐漸累積自信與口碑，開始在網路小量接單販售。就在即將畢業之際，思索未來人生方向的凱莉，受到家教學生家長的鼓勵與支持，令凱莉思考良久，最後，決定以「關懷、善待人的社工心念」，創立能傳遞幸福的甜點店——Color C'ode，透過甜點作為媒介，用更生活化的甜點介質，延續自己的社工心念。

　　為了讓 Color C'ode 從「網路接單個人工作室」升級為「品牌實體甜點店」，凱莉調整工作職務，將自身定位為行銷管理，在 104 人力銀行上緣分找到同樣有社會服務背景，曾任喜憨兒烘焙坊指導老師的甜點主廚 Sam，同為目標導向要求品質、做事快狠準的獅子座一拍即合，便在師大商圈旁的羅斯福路上，開了僅有 3 坪、租金、人力皆能掌控的迷你小店舖。

高成本 vs. 高 C/P 值
創業初期的震撼教育 ▌

　　從網路跨足實體店面，凱莉與 Sam 決定以「高品質原物料」、「新鮮水果」等相對高昂的食材製作甜點，做出小店舖的質感與品味。只是，在品牌尚未打出名號的創業初期，精緻甜點的高單價讓店內上門顧客有所異議，幾度拿來與低單價的賣場量販甜點相比，超過半年的時間，收支難以平衡。好不容易遇到能在百貨公司設櫃的機會，也因經驗不足、品項規劃較單一，長達一年的時間，經歷每月燒錢的赤字風暴，只好結束這個櫃點。

　　但，同為不服輸的兩個獅子座，凱莉與 Sam 將失敗看作成長的養分，寧願走錯路也不願中途放棄，更拼命地發揮工作狂的本事，各自上進修管理課、烘焙等課程，同時直闖台北龍頭百貨 SOGO，積極謙卑地表達設櫃的誠意，皇天不負苦心人，被幾度拒絕後，因緣際

01

會在進修課程中遇到貴人,帶著凱莉再次前往拜訪終於感動樓管,成功在 SOGO 設點臨時櫃位,這次設櫃產生高流量的曝光成效,從此打開名聲,生意逐漸穩定成長。

01. 02. 凱莉和主廚 Sam 會不定時和夥伴們一起討論研究新產品。03. Color C'ode 的店面僅有三坪,但運用網購將生意拓展開來。04. 原本 Color C'ode 的店名沒有中文,後來發現許多顧客不容易記住英文名子,所以後來用凱莉小姐當中文店名。

02

把夥伴當家人　把顧客當朋友

「我和 Sam 都是工作狂,沒有慢下來的權力。夥伴把青春給了我們,我們唯一能做的,就是不辜負大家的青春。」凱莉說。因為了解「人」對於品牌的重要性,無論是夥伴或顧客,都是 Color C'ode 最重要的資產。

合適的人,才能走得長久。長達 5 年的時間,Color C'ode 靠著工作小日誌,記錄著創業的酸甜苦辣,因而能累積認同品牌的夥伴與顧客,當骨子裡的價值是一樣時,一同前行才不會半路消失,縱使紀錄工作小日誌耗時又無即刻業績效益,凱莉依舊堅持持續記錄,不忘初衷以「心」為念。「Color C'ode 是一個為

「愛」而生,有「人」才存在的甜點品牌,對的事,我們會一本初心,好好做、傻傻做。」凱莉笑著分享。

Store Design

01. 店面雖小，但位在轉角街口，兩面接鄰街道，俗稱「三角」店面。02. 透明櫥窗可以讓過路客一眼看到店裡陳設，櫥窗架上的禮盒也是主打商品。

01

三角黃金店面超吸睛

評估首間實體店面的店租、商品結構與人力成本等因素，凱莉決定「自己能掌控、縱使收店也能負擔的」。

在店址的選擇上，想快速累績品牌知名度，因而選擇以大馬路、車流、人流相對較多的地方樹立形象與記憶點，同時，因店址門口有可臨停的空位，能提供臨時採買蛋糕的顧客，更便利且友善的購買環境。大馬路旁的店面就意味著高租金，為了有效使用預算，凱莉以極小坪數店面為首店創業選擇，一來不必因租金壓力過大而急就章做短視的決定，二來也能邊做邊修正，省下預算彌補其他不足。另外，靠著地點的優勢與特殊性，確實吸引許多開車族、過路客上門消費。此外，店鋪外牆加裝吊燈，能在入夜或昏暗時替店鋪打光，讓開車族、過路客走過路過也不怕錯過。

`03`

以專人服務彌補空間不足 ▍

　　因受限於店坪大小，扣掉包材儲物等必要空間，店面僅剩 3 坪不到。為營造品牌的精緻感，Color C'ode 將店面規劃為「有專人服務、需要精挑細選的質感小店」，因此，刻意將甜點櫃朝內放置，不貼窗向外展示，留下走過能看到甜點櫃，卻又看不清楚需要進店才能詳細了解的夢幻距離。櫥窗區則大膽陳列裝飾小物、帶有奢華感的黑、金色包材，以氛圍打造品牌質感。

　　定調出主角甜點櫃的區域後，兩側以木櫃陳列常溫小點，簡單的白色系點心架、襯托點心的溫潤色澤，同時不搶走繽紛甜點櫃的風采，靠著店員介紹，能更深入認識附加的常溫小點心。

`04`

03. 主打或熱賣商品會放置於櫃位正中央，並利用高低交錯排列讓視覺呈現更活潑。
04. 顧客一踏進店裡，就有專人一對一解說服務。

—————　Kitchen Design　—————

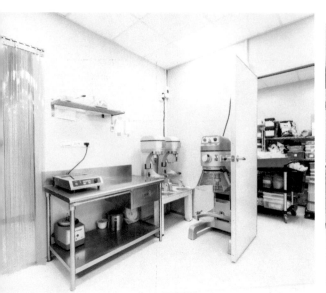

省力化的長遠投資　❙

　　為增加產量與擴大營運，Color C'ode 今年新建置廠房，讓品質與產能能更穩定地成長。廠房的規畫上，Color C'ode 重視分區分工，讓一切作業流程皆有固定標準，像是將食材統一收放在恆溫、恆濕的冰箱，保持食材的品質與水分狀態，避免因保存不佳，影響後續蛋糕製作的品質。

　　近年人力成本高漲，Color C'ode 的因應之道為：添購品質狀態極佳的頂級二手機器設備，降低人力成本與時間，盡可能讓夥伴準時下班，維持夥伴的身體狀態，合作關係才能長久且健康。其他像是餅乾機、急速冷凍機、

煮果醬的機器、打發鮮奶油機器等，相對沒有那麼必要，但卻能改善工作時間的機器，則依能力逐步採購，讓夥伴能更專注地製作手工繁複、細膩的甜點。藉由機器的協助支持，達成省力、品質也能穩定的雙贏狀態。

01. 儲藏原物料的冷庫與攪拌區設置在一起，讓製作流程更順暢。02. 03. 空間分區分工，製程不會彼此干擾，可以作更精細的品質與時間管理，大型機器作業區（左）。調理製作區（右）。04. 急速冷凍冰箱。

[Tips]

石板料理檯：

廚房有兩種料理檯，不鏽鋼與石板，一般產品皆在不鏽鋼料理檯製作。但像巧克力等需要特別控制溫度的食材，則使用石板料理檯。

03

[Tips]

定期檢查冰箱封條：

不論購置冰箱是新的還是二手的，都不該忽視冰箱封條的耗損。Color C'ode 的冰箱封條每天都作清理，以免藏汙納垢、孳生細菌，也能隨時檢查封條的狀態。因為封條老化，會讓冰箱關不緊，若冰箱溫度失調，還會導致食品衛生出問題。

05. 可大量煮果醬與餡料的機器。
06. 大型餅乾機器。07. 內餡和裝飾食材用移動式推車，方便移動到調理製作區，用完後隨時歸位。

07

—— **Internet Marketing** ——

01. 強打即時溝通的 LINE 網路服務，並製作大型宣傳看板放在店門口。02. 因店面較小，若有客人在等待，店員會請顧客先加入 LINE 的粉絲群，並提供試吃。

真人在線的誠意互動 ▌

　　在變化快速的網路市場，即時掌握趨勢流行很重要。面對觸及率每況越下的臉書經營，Color C'ode 逐漸將重心轉向 Line 官方帳號，透過實體店面印製大看板與獨家商品限時搶購優惠，吸引顧客加入官方帳號。同時，捨棄機器人回覆功能，僅有下班後由 Line 系統直接回覆，其餘時間，Line 官方帳號與臉書，皆有夥伴專人回覆顧客問題，縱使非訂購相關，只要是顧客留言或閒聊，Color C'ode 依舊每問必回，且堅持「句點要留在顧客那一方，嚴禁已讀不回」，靠著真誠、用心的熟客經營，讓顧客一路死忠追隨，情義相挺至今。

◆ 營業開銷

水電 5%
其他支出 15%
每月店租 10%
商品原料採購成本 35%
人事費用 35%

—— Visual Design ——

不僅美觀更要方便運輸

以網路店起家的 Color C'ode，在商品包裝上當然有周全考量，弧形紙板巧妙地將蛋糕穩穩固定，幫助在宅配運輸中發生碰撞。在外包裝上用簡單的色彩搭配，如黑與白、金與白的配色，以典雅高貴的簡約風格，對比盒子裡色彩繽紛、精緻小巧的甜點。另外，因為店面櫃位較小，能展示和存放的商品有限，加上客戶有大量預定的需求，在店鋪櫃檯有許多商品 DM 展示，也特別手工製作了糕點的直立式介紹小冊子，方便店員向顧客更詳細介紹商品。

01. 甜點依顏色交錯排列。02. 弧形紙板巧妙地將蛋糕穩穩固定。03. 直立式的小冊子，方便店員翻閱和介紹商品。04. 禮盒包裝使用黑與白、金與白等配色，呈現典雅高貴的簡約風格。

─── **Product Design** ───

人氣 > *Top 1*

- 法式午夜藍塔 -

天然香草莢所製作的香草卡士達奶醬，
散發淡淡微甜的香草味，搭配紐西蘭進
口新鮮藍莓，果實飽滿，滋味微甜微酸。
$850

人氣 > *Top 2*

- 黑絲綢蛋糕（彌月蛋糕）-

法國 Michel Cluizel 63% 頂級巧克力配上
100% 臻果醬佐白巧克力爆米花，能嚐到
如絲綢般的滑順濃厚巧克力質感。$300

人氣 > *Top 3*

- 歐牧鮮奶油水果奶餡蛋糕 -

店內的招牌商品，採用高單價的歐牧純
生鮮奶油，無添加、化口性極佳，輕盈
又高雅，是 Color C'ode 的獨門之作。
$950

無裝飾的自然滋味 ▐

　　做出美味的甜點，對 Color C'ode 而言只是基本之道。規劃順應需求與各通路的產品線，才是品牌能屹立不搖的關鍵。從提供給門市的法式小塔，到為宅配而重新設計的六吋大塔、生日蛋糕，以及外型樸實，價位較低，適合做為大彌月禮的長條蛋糕捲，都是不斷測試與調整，符合顧客消費習慣的最終成果。

　　再者，大膽引進國內少見、成本超高且保存期限極短的歐牧生鮮奶油，做為品牌的獨家賣點，吸引想吃鮮奶油蛋糕，卻又怕膩口的族群，增加產品力，並依照季節氣候，推出期間

—— **Product Design** ——

季節限定 >>

- 碧玉葡萄塔 -

不定期限定的夢幻商品，採用日本無籽葡萄，搭配法式口奶油製作塔皮，口感酥鬆不膩，葡萄鮮嫩多汁。$950

鹹食產品 >>

- 法式鄉村蛋糕 -

手工桿製千層酥皮，包裹著柔軟細緻的蛋糕體與大塊原肉火腿，鹹甜交錯，適合做為早餐與點心的選擇。$280

季節限定 >>

- 夏日芒果塔 -

夏季限定商品。使用產地直送芒果，每日以手工削皮處理，加入主廚特製獨家清爽白乳酪醬，芒果 x 微酸白乳酪，適合炎熱的盛夏享用。$980

特殊訂製 >>

- 茶會甜點 -

依預算需求規劃茶會甜點，含迷你小塔、小蛋糕、手工餅乾等組合。
（依照顧客預算派專人安排服務）

限定的快閃甜點，夠廣的產品線配上獨特性商品，讓 Color C'ode 能在甜點紅海中，讓業績不斷持續成長。

美味的秘訣 >>

★ 使用新鮮牧場雞蛋、產地水果等優質食材製作，主打少油少糖的甜點。

★ 傳承法式甜點精神，著重細節到尾，品質穩定讓人安心。

★ 提供無添加的歐牧鮮奶油蛋糕，市面少見具獨特性。

暴紅是轉機但也是危機？

艾樂比因為雙層爆量的草莓蛋糕而受到網路與媒體報導走紅，卻碰到緊
急趕工加班找不到人幫忙、缺貨被顧客抱怨的窘境，在調整販售方式和
人事結構後，生意才逐漸走向正軌。

爆量草莓蛋糕打出名氣，
巷弄裡的溫馨小店──

Aluvbe Cakery 艾樂比

若問高雄人：「有推薦的甜點店嗎？」，十個有八個高雄人會回答：「艾樂比」，這是間在高雄發跡，隱藏著甜蜜異國戀的幸福甜點店。而故事的起源，來自於男主人 Alvin，與香港籍的太太 Becky，一段因黃色小鴨而結合的緣分巧遇。

Basic Data

艾樂比台北店 >>
店面：台北市大安區仁愛路三段 5 巷 1 弄 21-7 號
線上購物車：http://aluvbe.com/tpshop/
營業時段：平日 12:00-20:00 ／週二 休
客服電話：02-2775-3338　**坪數**：約 40 坪
艾樂比高雄店 >>
店面：高雄市鹽埕區新興街 137 號
線上購物車：http://aluvbe.com/khshop/
營業時段：平日 12:00-20:00 ／ 週一 休
客服電話：07-521-1147　**坪數**：店面約 16 坪，工廠約 25 坪
官網：https://aluvbe.com

—— **Creation Story** ——

一趟賞鴨之旅　一段跨國之戀 ▮

2013 年，身高 18 米，造價近百萬的黃色小鴨，熱鬧地於高雄光榮碼頭亮相。於高雄生活的 Alvin 好奇前往，巧遇正在台灣旅行的香港籍女子 Becky，兩人因而擦出火花，靠著通訊軟體的聯繫、返國後持續彼此關懷，友誼逐漸升溫承情侶，有了想在一起生活的渴望。考量到台灣人到香港創業不易，兩人多次討論後，決定由 Becky 來台灣定居，並設定共同目標──開店長時間相處生活，一起為共同的未來彼此努力。

目標設定後，於烘焙業擔任行銷企劃的 Alvin 評估，不如從自己所在的行業出發，雖無第一線製作的烘焙背景，但可靠著人脈請教公司的烘焙前輩，比起跨行開其他業別的店，立基點會更有資源。因此，白天上班、晚上看書研究食譜，在家中試做甜點，再請烘焙師傅指導提供意見，而女友 Becky，則抽空安排來台定居相關事宜，等待雙方一切準備就緒，開始創業的第一步。

耿直做事的老實人
冬季誕生的草莓救星 ▮

就在持續試做半年左右的時間後，Alvin 的甜點品質逐漸穩定，同時，食安風暴恰巧於同年爆發，正好給 Alvin 跨出第一步的好時機：「我選擇在業界谷底的時候入行，因為危機代表著轉機。」Alvin 分享。於是，Alvin 正式辭去朝九晚五的上班族工作，Becky 也來台會合，兩人以小資本的方式，在高雄鹽埕區租了間簡單工作室，

01

以住家混合工作室的概念，開了一間以愛命名「Alvin Love Becky」──Aluvbe Cakery 艾樂比手作烘焙坊。

靠著食安風暴的推波助瀾，採用日本麵粉、澳洲乳酪、無添加概念的「艾樂比」，逐漸在網路嶄露頭角，也因獨特而偏僻的選址策略，吸引許多遊客靠著網路推薦文，按圖索驥地上門購買乳酪蛋糕。只是，「艾樂比」為手工製作，無法靠著量產來提高銷售額，且堅持不添加果膠、泡打粉的理念，讓乳酪蛋糕的外型樸素不起眼，營業額也僅能打平，再者，遇上烘焙業的淡季──夏季，更是雪上加霜，兩人只得靠老本維生。

為了提高銷量，非科班出身的 Alvin 靠著不斷嘗試製作新品、短期快閃試賣、增加水果量的比例，終於，在一次誤打誤撞的機緣裡，以鋪滿雙層且爆量的「法式草莓蛋糕」，正中市場需求，讓小店一夜翻身，訂單量以十倍般高速成長的

穩定發展甜點品牌　慢慢走比較快

　　初嘗爆紅滋味的「艾樂比」，歷經缺貨被顧客抱怨、動員家族親友緊急趕工加班的慘痛過渡期，因而開始轉向深耕經營官網，以預購方式銷售法式草莓蛋糕，並調整人事結構，淡季時鼓勵員工休年假，旺季時聘請臨時工讀夥伴滿足大單需求，寧可穩定成長，也要避免快速拓展，讓品牌淪於一時的網紅名店，失去創業的初衷。

　　開業三年多，「艾樂比」除了高雄店外，保守地拓展一間台北店，提供南北兩地顧客，有更便利的取貨點，同時，慢慢擴大產品線，研發乳酪蛋糕以外，餅乾禮盒、常溫果乾等不易受時間限制的外帶選擇。「艾樂比不只是一間甜點店，而是從高雄發跡，提供美味、無添加點心給大家的良心品牌。」Alvin 笑著分享。

[Tips]

烘焙業的淡季：

夏季，準確來說是從母親節過後、暑假到天氣轉涼前，都算甜點＆麵包店的淡季。主要是天氣變熱，民眾會選擇吃冰喝冷飲，而減少對甜點、麵包這類比較給人溫暖印象的食品。再加上梅雨季與夏季颱風影響，顧客不上門，當然也就沒有業績。

建議淡季時可以調整營業時間來節省人力，或是增加商品種類主打結婚或彌月禮盒，或是網路接訂單、宅配服務來對應天氣的問題。

01. Alvin 善於空間佈置，店舖的每個角落都有不同景緻。 02. 圖為艾樂比台北店，和高雄店都是老宅改造，做出懷舊復古的風格。

—— **Store Design** ——

偏僻小店的驚喜相遇 ❙

　　「艾樂比」選址位於高雄鹽埕區，該地點為高雄老區、住宅區，附近鄰居多為 70、80 歲的長輩。為節省創業初期的店租開銷，抱著試水溫的心態，刻意選擇偏僻、與周遭環境有反差的地點，藉以成為當地的特色亮點。靠著網路宣傳與行銷，讓顧客從遠方來此處一探究竟，帶有違和感的坐落地點，也能讓顧客想與朋友分享，有話題可講成為免費宣傳方式。

　　再者，創業初期資金拮据，高雄店的工作室能結合店面與住家，省去 Alvin 與 Becky 的住宅租金，工作時也不需往返，能將更多心力與時間花費在店面上，對於初創業者來說，是種較易入門的店面形式。

01. 高雄艾樂比位於鹽埕區，為老住宅區。 02. 店內展示店主 Alvin 收藏多年的老蘋果電腦，吸引許多蘋果迷前來朝聖。

—— Store Interior ——

蘋果迷與古董迷的夢幻天地 ▮

為了營造出店鋪的獨特味道，「艾樂比」以混搭質感的概念，打造出與眾不同的特色小店。以男店主 Alvin 喜愛且收藏多年的老蘋果商品，老蘋果電腦、老蘋果周邊小物等，大量陳列於店面中，吸引許多蘋果迷前來朝聖，也為無意間上門的顧客，帶來超乎意料的驚喜。

除了老蘋果迷的收藏外，太太 Becky 的長年古董收藏品，也巧妙陳列於店鋪的每個小角落，像是古董帽架、鞋撐等具歐美感的裝飾品，都成了店裡的風格定基。配合店內甜點的樸實調性，色彩以帶有微微淺灰、穩重感更少一點的黑色為基調，是 Alvin 與 Becky 自行調配出的油漆色，並佐配紅棕、桐、金屬質地家飾、燈具，提升店內的質感與品味，讓內用顧客更舒適自在。

03. 利用 iPAD 展示更多產品圖。
04. 艾樂比台北店與高雄店採相似的風格，但空間更大，展品更多。

—— **Layout** ——

艾樂比台北店平面圖

因為是老宅改造，所以還保留著幾處原屋的結構，營造出懷舊感。有人就問過 Alvin 為何不將老宅的小前院打掉，增加室內營業空間。但 Alvin 選擇保留此處，另闢成小小的戶外用餐區。雖然台灣的氣候炎熱，僅有短暫季節交替天氣較涼爽時，才會有顧客選擇坐在戶外區，平時的空間使用效率並不高，但這一小塊院落卻成為艾樂比的店鋪特色，增添了尋幽探秘的樂趣。

01

01. 入口左側的商品陳列區，展示禮盒與小點和果乾類等常溫商品。

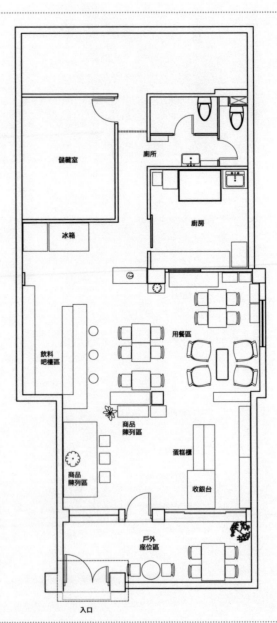

儲藏室

廁所

冰箱

廚房

飲料吧檯區

用餐區

商品陳列區

蛋糕櫃

商品陳列區

收銀台

戶外座位區

入口

小空間的機動哲學 ▎

　　以台北店來說，因格局因素，廚房空間相對較小，依照水電用線擺放大型機具：烤箱、冰箱後，能運用的空間則更為受限。因此，將工作桌置放於轉身即可將甜點放入烤箱的對側，節省多餘行走的時間，並使用行動式小推車，集中收納烘焙小道具，當甜點出爐或空間擁擠時，能機動式將推車移動至廚房外，依工作需求增減廚房的空間大小。特別提醒，廚房需注意排風狀況，可選擇以對外窗或是排風設備讓空氣對流，關懷在廚房工作的夥伴狀態，同時也能減少周邊住戶對於氣味上的意見。

　　「艾樂比」主打手工烘焙，廚房設計也採半開放式廚房，顧客可從窗戶約略看見夥伴製作甜點的流程，強化手作的安心與新鮮感。此外，為讓產品外型更標準化，擅用小道具，像是分切蛋糕尺寸底板等小物，讓手作甜點也能有更吸引人的外型。

02. 行動式小推車可集中收納烘焙小道具，在小空間中使用相當方便。03. 有標示尺寸與圓周的烘焙砧板，在材料裁切製作時更迅速量好尺寸。04. 廚房空間不到5坪，但麻雀雖小，五臟俱全。

—— **Internet Marketing** ——

01

02

01. 艾樂比官方網站。
02. 艾樂比的線上購物車系統。

相互導流的熟客經營術

　　自從「草莓暴單」之後，「艾樂比」開始積極作預購，並製作了官方網站，有完整的線上購物系統，讓舊雨新知能更快速與方便地接收商品資訊和訂購商品。另外，也因為「艾樂比」的店面在高雄、台北各有一間，所以官方臉書帳號也各自獨立經營，雖然高雄、台北的經營成本不同，但「艾樂比」盡可能讓南北兩間門市的售價相同，臉書發文的內容設定，多半以塑造品牌形象的樸實、單純為訴求，盡可能強調原物料與水果品種的選用，並於新品上市前提前曝光，培養出顧客對商品的熟悉與信任感，堆疊出購買的渴望。

　　「艾樂比」分享，品牌因是做網路甜點起家，除了互動、即時性高的臉書社群經營，投資好操作的官網也是必要成本，現在的顧客講求效率，若訂購不便，顧客也容易就會選擇其他甜點店。

◆ 營業開銷

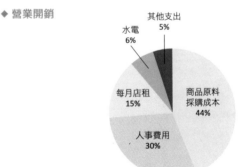

其他支出 5%
水電 6%
每月店租 15%
人事費用 30%
商品原料採購成本 44%

03

完整防撞的蛋糕包裝 ▌

　　網購訂單可以以預定的形式
製作，讓訂單觸及更廣的客群。
但如何讓蛋糕送到顧客手中，依
然保持它最好的狀態呢？艾樂比
特別設計雙層固定的紙模，360
度保護蛋糕不會因碰撞位移。但
店主 Alvin 表示，找到合適的配
送公司還是最重要的，蛋糕不僅
要小心輕放，也要在穩定的配送
溫度下，儘快送到顧客手上。

04

03. 艾樂比的紙盒包裝步驟
分解。 04. 包裝完的禮盒還
會再放入紙箱中，以免運送
過程中磨損禮盒。

—— **Product Design** ——

人氣 > *Top 1*

- 經典檸檬重乳酪蛋糕 -

100% 國產新鮮的檸檬，微酸的乳酪搭
配出完美的酸度，手工刨製的檸檬皮，
清新的香氣，每口都吃得到香醇濃的乳
酪～ $100 / 片、$460 / 6 吋、$920 / 9 吋

人氣 > *Top 2*

- 可露麗 -

店家的招牌之作，採用香草莢、雞蛋、
牛奶費心製作，外皮酥脆內 Q 彈，當日
賣不完即丟棄，每日皆販售新鮮製作的
自信可露麗。$70 /（大）顆、$220 / 4 入
（小顆）、$440 / 9 入（大顆）

人氣 > *Top 3*

- 北海道十勝乳酪蛋糕 -

選用來自日本的北海道十勝乳酪，乳酪
氣味清新、質感高雅不膩，輕盈中帶有
純淨的存在感。$140 / 片、$680 / 6 吋、
$1360 / 9 吋

無裝飾的自然滋味 ▌

　　創業初衷是做連自己都安心吃的甜點，因
此在製作上，絕不使用添加物，甚至連裝飾表
面的果膠、增加產品體積的泡打粉，都堅持不
願添加。「艾樂比」的訂單，有九成來自網路，
在設計甜點外型與商品結構上，特別重視「運
送也不易毀損、幾乎無裝飾的樸實蛋糕」，此
外，運用小農水果變化招牌乳酪蛋糕的滋味，
再以加強版客製包材，提升蛋糕在盒子裡的穩
定度，確保每個宅配顧客拿到手中，蛋糕就跟
網路上看來一樣，慢慢累積品牌口碑，參與顧
客的每個重要場合。

抹茶迷的最愛 >>

- 小山園抹茶重乳酪蛋糕 -

選用來自日本的小山園抹茶製作，茶味
清香帶有回甘後味，越咀嚼越能散發高
雅茶香。$120 / 片、$560 / 6 吋、$1120 /
9 吋

巧克力控的最愛 >>

- 榛果巧克力重乳酪蛋糕 -

以金莎巧克力為概念的夢幻系甜點，帶
有可可的醇厚與榛果的堅果香氣，搭上
奶香濃郁的乳酪是一絕。$120 / 片、$560
/ 6 吋、$1120 / 9 吋

特殊食材 >>

- 有機小紅莓重乳酪蛋糕 -

不用加工、加糖過的蔓越莓乾，採用新
鮮的加拿大有機蔓越莓製作，香濃滑順
的乳酪，搭配酸酸甜甜的小紅莓，更能
烘托出乳酪微酸的滋味。$110 / 片、
$520 / 6 吋、$1020 / 9 吋

適合送禮 >>

- 夢幻可露麗組合 -

共有四入、九入兩種選擇，口味多變、
造型可愛，是送禮的人氣首選。$350 / 4
入（大顆）、$590/ 9 入（小顆）

　　未來，也將推出研發近一年的餅乾禮盒，
讓顧客能有送禮且不受限時間的新選擇，增加
品牌提袋率。

美味的祕訣 >>

★　使用日本麵包、澳洲乳酪、小農水
　　果，嚴選食材製作的手工甜點。

★　可露麗當日賣不完即丟棄，能嘗到
　　外皮酥脆，口感驚豔的完美享受。

★　乳酪蛋糕有多種口味可選，經典
　　款、創新款，都能在同間店嚐到。

**對的人，
就會跟著你一起做對的事。**

因為他們相信，信念一致的人，才會持續跟隨在你身邊，不藏私、
不斷給予能發揮的舞台與教育訓練，讓員工做得開心有成就，
Cheese Cake1 就會更穩固而茁壯。

從乳酪迷化身品牌推手，
全台第一家精品乳酪蛋糕——

Cheese Cake1

2014 年，在一間小小的辦公大樓廠房中，Joya、George、Tomy 的烘焙創業夢初萌芽，共同創立了 Cheese Cake1 精品乳酪蛋糕。四年的時光過去，Cheese Cake1 建立了穩定客源與優質名聲，市面上充斥著許多美味但不健康的人工添加食品。但 Cheese Cake1 志在提供健康且乳酪含量高的優質乳酪蛋糕。微帶酸味的乳酪香、軟綿卻紮實的口感和百分百的新鮮食材與用心，被網友譽為「如愛馬仕般的精品蛋糕品牌」。而一切故事的開端，是三人一拍即合，難以言喻的信念與默契。

Basic Data

專櫃店面：
台北信義新光三越 A4 館 B2　02-2723-7771
台北南西新光三越南西 1 館 B2　02-2562-0130
（實體櫃位販售商品與網站不同）
網址： www.cheesecake1.com.tw
營業時段： 平日 11:00-21:30 ／五、六 11:00-22:00
客服電話： 02-2542-7771
店鋪坪數： 2.5 坪（另有 40 坪廠房）

—— **Creation Story** ——

Joya、George 與 Tomy 原先各自任職於旅遊業及航空業，皆有創業夢的三人，也曾與不同對象談過創業合作，直到遇到彼此，不急著求回報、願意無私奉獻，才終於拍板定案，組成熱血鐵三角，勇闖創業路。起初，George 與 Tomy 選擇以開發「線上訂機票系統」做為創業核心，但經過不斷的規劃以及開發後發現需要投入的資金越來越大，且獲利的時間點非常遙遠，擔心再這樣下去此項會傾家蕩產，燒光存款。Joya 一心想著：「無論如何，我都要讓大家有收入進帳，不能讓我們餓死！」，回想起自己一身擁有的烘焙好本領，決定在自家的小廚房做蛋糕，交由 George 與 Tomy 進行市調，定調出自家產品特色，改以烘焙甜點做為創業核心。

傾聽乳酪的呼吸聲
做出屬於台灣的驕傲

因為三人都愛吃乳酪，觀察到台灣沒有代表性的乳酪蛋糕品牌，便以乳酪蛋糕為切入點，歷經約一年的原物料試吃與選擇，主打「會呼吸的乳酪蛋糕」，強調 52 小時的乳酪熟成，以減糖、減油的健康甜點與消費者見面。沒賣過甜點的三人租了間小廠房，以最傳統的傳真訂購方式，開始了小小的甜點生意，起初，收到的訂單全是親友訂購，且因數量太少，蛋糕盒包材印製過程也困難重重，所幸三人同心一致，彼此鼓勵與支援，才有辦法熬過創業陣痛期。

Tomy 說，他們永遠都忘不了，第一次看到訂購單上出現陌生名字的喜悅心情，那表示，終於有不認識的人認可「這塊會呼吸的乳酪蛋糕」了！不拼低價路線、省下行銷預算拿來提升食材品質，慢慢地，Cheese Cake1 有了官網、粉絲團與客服專線，小小工廠也一步步變身成大空間，同時為了增加曝光度，打入中高價消費層，選擇進駐百貨商場，活出品牌的第二人生。

時刻檢視初心
以善念對待身邊人事物 ▎

回想起初進駐百貨商場，為了區隔出實體店面與網購的商品，以法式甜點為主打品，讓業績慘澹收場，三人這才明白，消費者對自家品牌的印象是「乳酪蛋糕」，還是該以既有印象做為延伸，核心才能始終如一。於是，三人即時溝通改變品項結構，以網路無販售的「小尺寸切片乳酪蛋糕」為重生武器，才讓營業額逐步攀升，一路上穩定成長。

走過四年，公司的員工是 Cheese Cake1 最在乎的對象，三人寧可拿少一點的薪水，也堅持要給員工能力所及內的最大福利，如年終與員工旅遊。因為他們相信，信念一致的人，才會持續跟隨在你身邊，不藏私、不斷給予能發揮的舞台與教育訓練，讓員工做得開心有成就，Cheese Cake1 就會更穩固而茁壯。

—— **Store Interior** ——

給女孩的精品天堂

　　首間跨出網購市場的實體店鋪，落腳於百貨商場的櫃位中，察覺顧客群以女性偏多，為了突顯品牌的精品與時尚感，運用光滑卻帶有細緻紋理的大理石櫃檯，強調優雅細緻的品牌定位。利用全透明的冰櫃呈現自家切片乳酪系蛋糕，將各式口味如精品般精心陳列，彷若女孩的第一只精品包，得以細心慢選。

　　搶眼且記憶點高的品牌包裝外盒，是 Cheese Cake1 的人氣亮點。陳列時將橘色包裝盒圍繞於櫃位後方與左側，強化品牌形象與魅力，增加過路客的回頭機率，縱使當下沒有購買，也能替品牌做免費行銷。

01. 觀察百貨公司客群以女性居多。

—— **Layout** ——

店內平面圖

們或門市的櫃台以整塊白色大理石營造出高貴典雅的氛圍，工作檯用強化清玻璃區隔空間，讓顧客可以看到店員細心幫商品做包裝與點綴。

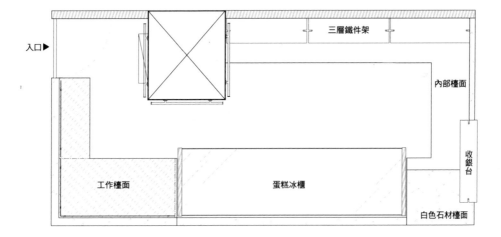

入口▶

三層鐵件架

內部檯面

收銀台

工作檯面

蛋糕冰櫃

白色石材檯面

02. 由於是在百貨公司設櫃，Cheese Cake1 的商鋪櫃位是對著下樓電扶梯的正面位置，讓人一眼就會注意到蛋糕櫃裡琳瑯繽紛的美味蛋糕。 03. 為了找到適合的石頭花紋，George 與 Tomy 煞費苦心，跑了多家石材行才終於挑選了這款石紋。

—— Kitchen Design ——

化繁為簡的工作環境 ▐

　　Cheese Cake1 以網購起家，店址捨棄昂貴的台北店面，選擇相對空間寬敞、租金平實的桃園為製作基地。規劃空間時，運用多個貨架擺放所需工具，一方面便於操作時拿取，一目了然節省製作時間，同時預先保留包材、食材所需的空間，方便進行庫存管理與盤點，先進先出不造成浪費與閒置。

　　雖然多添購貨架在創業之初會有大筆開銷，但先預留空間、依照品項分類擺放，嚴格執行食材不落地，絕對是一開始建立工作流程、員工規範，打好基礎的首要條件。

01. 烘烤製作蛋糕底是幫乳酪蛋糕做「打基礎」的工作。
02. 廚房清楚劃分區域，可以讓分工更明確；不同區域作業不會彼此干擾。 03. 廚房裡的每位成員皆穿著廚房制服與圍裙，戴帽與手套，並配有一條白色方巾，隨時保持整潔。

[Tips]

保持清潔的小訣竅：

為了避免製作中使用的小器具，如刀、刷子或鏟子在放置時，沾染到桌面的灰塵與細菌，特別準備了許多小鐵盤，來擺放這些使用中的器具。若是怕盤子沾黏到油脂較不好清洗，可以包覆一層保鮮膜。

凝聚歡樂的溫馨小廚房

　　廚房的首要條件，是方便員工做事與凝聚向心力。整體的規劃將工作桌放置於廚房的中央，讓員工可坐在一起進行製作流程中較為細緻的手工裝飾工作；其餘倚牆的工作桌，則透過兩台大型攪拌器，操作甜點的調製、攪拌與生成等工作。分區分工，讓員工能清晰明瞭各區塊所要完成的任務，就能降低耗損率、提高生產力，減少不必要的失誤出現。

　　值得一提的是，為讓員工間能有好感情，中央的工作桌，在中午用餐時間會快速變身成為用餐區，不僅能替工作畫下漂亮的逗號，也能讓員工間並肩用餐，促進情感交流，笑聲會化成力量，反應在品質與員工的穩定度之上。

　　器材方面，各式工具、烤皿等小東西，彼此會遵照規則，將其放置在同一區，定時清洗整理，保持桌面清潔與暢通，才能不影響心情與流程，製作出有愛又用心的美味蛋糕。

04. 挑選的每一顆藍莓必須大小一致、渾圓飽滿而且沒有任何破損，才能在簡單的排列中，呈現最純粹的線條美感。 05. 食材都經過手工挑選，稍有破損都不能使用。 06. 乳酪蛋糕製作完成在裝盒前，還要做邊角修整，確保每塊蛋糕都是最完美的狀態。

────── Topics ──────

01. 將奶油充分拌勻。 02. 將製備好的餅乾蛋糕底平均分配在每一個模具中。 03. 先使用大木頭把餅乾蛋糕底平鋪出來，再用小塊木頭來收邊，要確保每一個邊邊角角都壓實。 04. 送進烤箱前，別忘了事前先預熱烤箱，確保烤箱內部溫度一致。

起司蛋糕美味的奠基──蛋糕底

　　主廚 Joya 形容製作起司蛋糕的蛋糕底，就像蓋房子打地基一樣。而且從一開始的材料計算，都要用電子秤精密秤量，任何食材量重量不能誤差超過＋－ 2 克。在蛋糕模中塑型時，也是至關重要的步驟──要使用木頭來敲出蛋糕底。先使用大木頭把餅乾蛋糕底平鋪出來，再用小塊木頭來收邊，每一步驟都不能馬虎，務求讓蛋糕底成現最完美的狀態。Cheese Cake1 的每一塊起司蛋糕的蛋糕底都是經由這樣慢工出細活，手工精細敲打出來的藝術品。

[Tips]

如何切出完美的蛋糕？

將專用的蛋糕鏟浸於熱水中約 5 ～ 10 秒，再將蛋糕鏟上的水份擦乾，即可切出漂亮切面的蛋糕。注意！每切一刀都須重覆浸熱水－擦乾的動作。

Step 1.
浸熱水
5 ～ 10 秒

Step 2.
擦乾蛋糕鏟
上的水份

Step 3.
切出漂亮的
蛋糕切面

—— Visual Design ——

05. 蛋糕上的美麗鏡面是 Joya 的特製果膠，美觀與美味兼備。 06. 包裝前的脫模動作相當重要，精細的 cheese 蛋糕可能因為脫模時的不小心而功虧一簣。 07. 先使用大木頭把餅乾蛋糕底平鋪出來，再用小塊木頭來收邊，確保每一個邊邊角角都壓實。 08. 特別安裝了 GoPro 為每個蛋糕做出貨時的身分登記。 09. 每個 cheese cake 都會附贈一把專用的蛋糕鏟與專屬小袋子。

打造頂級質感的精品蛋糕

因品牌定位為精品蛋糕，外包裝與服務上下了許多苦心，像是選用高磅數的精美紙盒，每一個皆有附上銀色小刀鏟，增添蛋糕的質感與奢華程度。此外，每個蛋糕皆由手工打上蝴蝶結，表示對商品的尊重與心意，出貨時會做身分登記，確保每個商品皆有安全送到顧客手中，啟動一段最幸福的甜點旅程。

當顧客掀開如精品包包一般的精緻包裝盒，揭開象徵時尚與快樂的黑色緞帶，雙手觸摸到冰涼的小刀鏟，切下蛋糕的那一瞬間。奢華感油然而生，雖是網購卻能啟發顧客的五感，從視覺、觸覺、嗅覺、感覺與味覺，對品牌產生連結與信任。

◆ 營業開銷

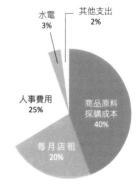

水電 3%
其他支出 2%
人事費用 25%
商品原料採購成本 40%
每月店租 20%

—— **Product Design** ——

人氣 > *Top 1*

- 奢侈 -

採用智利及北美空運進口之新鮮冷藏藍
莓，手工顆顆嚴選，配上 CheeseCake1
自然熟成之乳酪，極度爆汁的奢華口
感，是店內的人氣招牌。$980

人氣 > *Top 2*

- 含情茉莉 -

使用整朵台灣有機莊園可食用新鮮茉莉
花、天然淡雅的茉莉花香融合自然熟成
乳酪，如潔白少女般的純白，歷經時光
洗滌，於黃昏之後散發迷人的芬芳。
$1280

人氣 > *Top 3*

- 一點焦情，一點矯情 -

採用法國頂級蔗糖手工熬煮成焦糖，
配上法國艾許奶油以及鹽之花，融入
CheeseCake1 招牌耗時 52 小時自然熟成
乳酪，好焦情，不矯情。$1280

講究減法的乳酪研究家

市面上的乳酪蛋糕不少，但想做出與眾不
同的商品，就要懂得變化與對細節用心，這幾
年健康意識抬頭，大家都想吃減糖、減油的甜
點，Cheese Cake1 鎖定此一族群，堅持以無
繁複裝飾、吃真食味為主，搭配在地小農的花
材、當季新鮮水果，強調每個蛋糕都是手工製
作，掌控細微的乳酪變化，讓愛吃乳酪蛋糕的
老饕一試上癮。

—— Product Design ——

特殊製法 >>

- 經典 1583 -

採用低溫烘焙的經典之作，口感濃郁且
有餘韻，乳酪味在口中良久仍有靈魂，
整口的綿密配上特製的餅乾底，適合喜
愛濃郁乳酪蛋糕的食客。$750

指定族群 >>

- 皇家布朗 -

香味滿溢的巧克力布朗尼包覆著口感紮
實的胡桃顆粒，再鋪上柔和綿密的乳
酪。軟綿、紮實並存的夢幻逸品，源自
歐式古法甜點的美好藝術。$880

特殊製法 >>

- 聽說 -

運用最獨特的乳酪熟成方式，不破壞乳
酪的分子結構，自然的讓乳酪熟成，天
然香氣散開於口中的每一寸，適合男女
老少全年齡食用。$680

獨特商品 >>

- 愛，玫說 -

使用整朵台灣有機莊園可食用新鮮玫
瑰，融合自然熟成乳酪，再罩上剔透
的玫瑰花泥鏡面，讓人一入口，彷彿走
進玫瑰莊園，品下一整片的玫香浪漫。
$1280

美味的秘訣 >>

★	**減糖、減奶油，無添加乳化劑、防腐劑等合成物。**
★	**全產品手工製作，嚴選歐系品牌乳酪，吃真滋味才是真本事。**
★	**堅持當日做、隔日出貨，自然熟成系列則以 52 小時的熟成，讓乳酪變化出魔法。**

　　此外，研發特色商品如「愛，玫說」，特
別找尋台灣在地花農，選用有機可食用的玫瑰
花製作。運用特殊食材創作出市場上獨一無二
的產品，創造話題與人氣。

人氣店家
COUPON
實地參訪入場卷 >>

M PAIN 法式甜點麵包烘焙店

憑本書優惠卷來店消費，可享麵包商品 9 折。

BOULANGERIE
PÂTISSERIE

Purebread Bakery

憑本書優惠卷來店購買可頌系列或甜點，可享酸麵包系列 8 折優惠。

山崴烘培

憑本書優惠卷來店消費，麵包類品項一律 85 折。

嬉皮麵包

憑本書優惠卷來店消費，可享滿 300 送 50 元的優惠。

Yellow Lemon Dessert Bar
黃檸檬

本書優惠卷來店消費，兩人同行點 Pic-Nic 贈送兩杯檸檬咖啡（或等值無酒精飲料）。

店家優惠：

- 每張優惠卷僅限兌換一次，店家以蓋章或其他方式標示已使用作廢。
- 請於點餐或結帳前告知並出示本書優惠訊息，此優惠不得與其他優惠併用。
- 如遇假日或節日欲使用相關優惠請先致電詢問。
- 所有優惠均不得折抵現金或換購其它等值商品。
- 每店家優惠方式不同，請以各優惠內容為準，店家並保有提供優惠之品項與使用日期、 使用期限等最終決定權。

Kadoya 喫茶店

憑本書優惠卷來店消費，內用每桌客人贈送一份肚臍餅，甜點外帶者 9.5 折，飲料 7 折。

ISM 主義甜時

憑本書優惠卷來店消費，當次消費不限金額，即贈達克瓦茲單入（售價55元）。

使用期限至 2019/03/06

Aluvbe Cakery 艾樂比

憑本書優惠卷，可享 9 折優惠。

季節限定商品不再優惠範圍內（如：法式草莓蛋糕、芒果慕斯蛋糕）

De Canelé 露露麗麗

憑本書優惠卷至工作室訂購『露露麗麗節慶蛋糕』享 9 折優惠。

使用期限至 2019/09/06

De Canelé 露露麗麗

憑本書優惠卷來店消費，即可免費兌換任選蛋糕乙片。

使用期限至 2019/09/06

Color C'ode 凱莉小姐

憑本書優惠卷來店消費，滿 300 元即贈送手工餅乾乙份。

高人氣甜點 & 麵包店創業學
創業經營 × 空間布置 × 品項設計，
成功營運的訣竅全收錄

作者	LaVie 編輯部
責任編輯	謝惠怡
採訪撰文	胡家韻、陳婷芳、楊喻婷
設計插畫	Zoey Yang
封面設計	郭家振
攝影	王漢順、張藝霖、黃新育、Evan Lin
行銷企劃	蔡函潔

高人氣甜點 & 麵包店創業學：創業經營 x 空間布置 x 品項設計，成功營運的訣竅全收錄 / LaVie 編輯部作 . -- 初版 . -- 臺北市 : 麥浩斯出版：家庭傳媒城邦分公司發行，2018.09
面；　公分
ISBN 978-986-408-416-6(平裝)
1. 糕餅業 2. 創業
481.3　　　　　　　107014744

發行人	何飛鵬
事業群總經理	李淑霞
副社長	林佳育
副主編	葉承享
出版	城邦文化事業股份有限公司 麥浩斯出版
E-mail	cs@myhomelife.com.tw
地址	104 台北市中山區民生東路二段 141 號 6 樓
電話	02-2500-7578

發行	英屬蓋曼群島商家庭傳媒股份有限公司城邦分公司
地址	104 台北市中山區民生東路二段 141 號 6 樓
讀者服務專線	0800-020-299（09:30 ～ 12:00；13:30 ～ 17:00）
讀者服務傳真	02-2517-0999
讀者服務信箱	Email: csc@cite.com.tw
劃撥帳號	1983-3516
劃撥戶名	英屬蓋曼群島商家庭傳媒股份有限公司城邦分公司

香港發行	城邦（香港）出版集團有限公司
地址	香港灣仔駱克道 193 號東超商業中心 1 樓
電話	852-2508-6231
傳真	852-2578-9337

馬新發行	城邦（馬新）出版集團 Cite（M）Sdn. Bhd.
地址	41, Jalan Radin Anum, Bandar Baru Sri Petaling, 57000 Kuala Lumpur, Malaysia.
電話	603-90578822
傳真	603-90576622

總經銷	聯合發行股份有限公司
電話	02-29178022
傳真	02-29156275

製版印刷　凱林彩印股份有限公司
定價　新台幣 450 元／港幣 150 元
2018 年 9 月初版 1 刷 ·
2022 年 9 月初版 3 刷 · Printed In Taiwan
ISBN 978-986-408-416-6 (平裝)